今すぐ使えるかんたん

いちばんやさしい ChatGPT 超入門

チャットジーピーティー

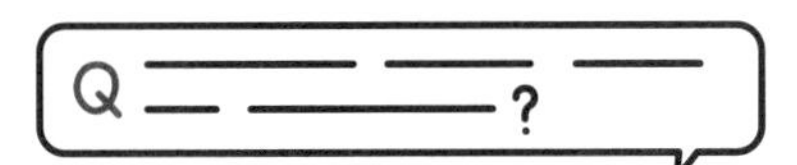

Imasugu Tsukaeru Kantan Series
Ichiban Yasashii
ChatGPT Cho-Nyumon

技術評論社

本書の使い方

- 画面の手順解説だけを読めば、操作できるようになる！
- もっと詳しく知りたい人は、左側の「側注」を読んで納得！
- これだけは覚えておきたい機能を厳選して紹介！

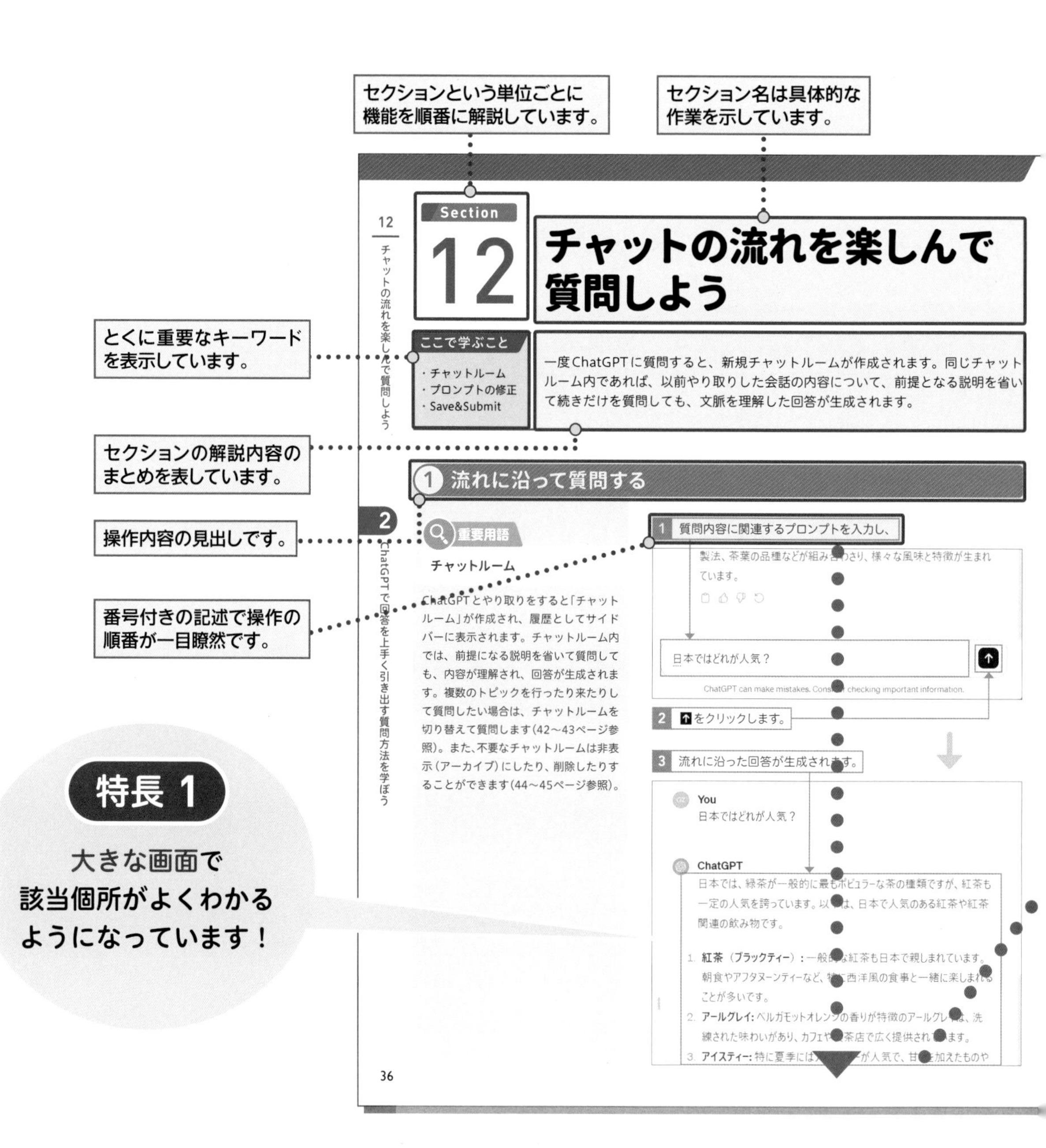

特長 2

薄くてやわらかい上質な紙を使っているので、開いたら閉じにくい書籍になっています！

● 補足説明

操作の補足的な内容を「側注」にまとめているので、よくわからないときに活用すると、疑問が解決！

補足説明

便利な機能

用語の解説

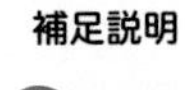
応用操作解説

補足説明

注意
注意事項

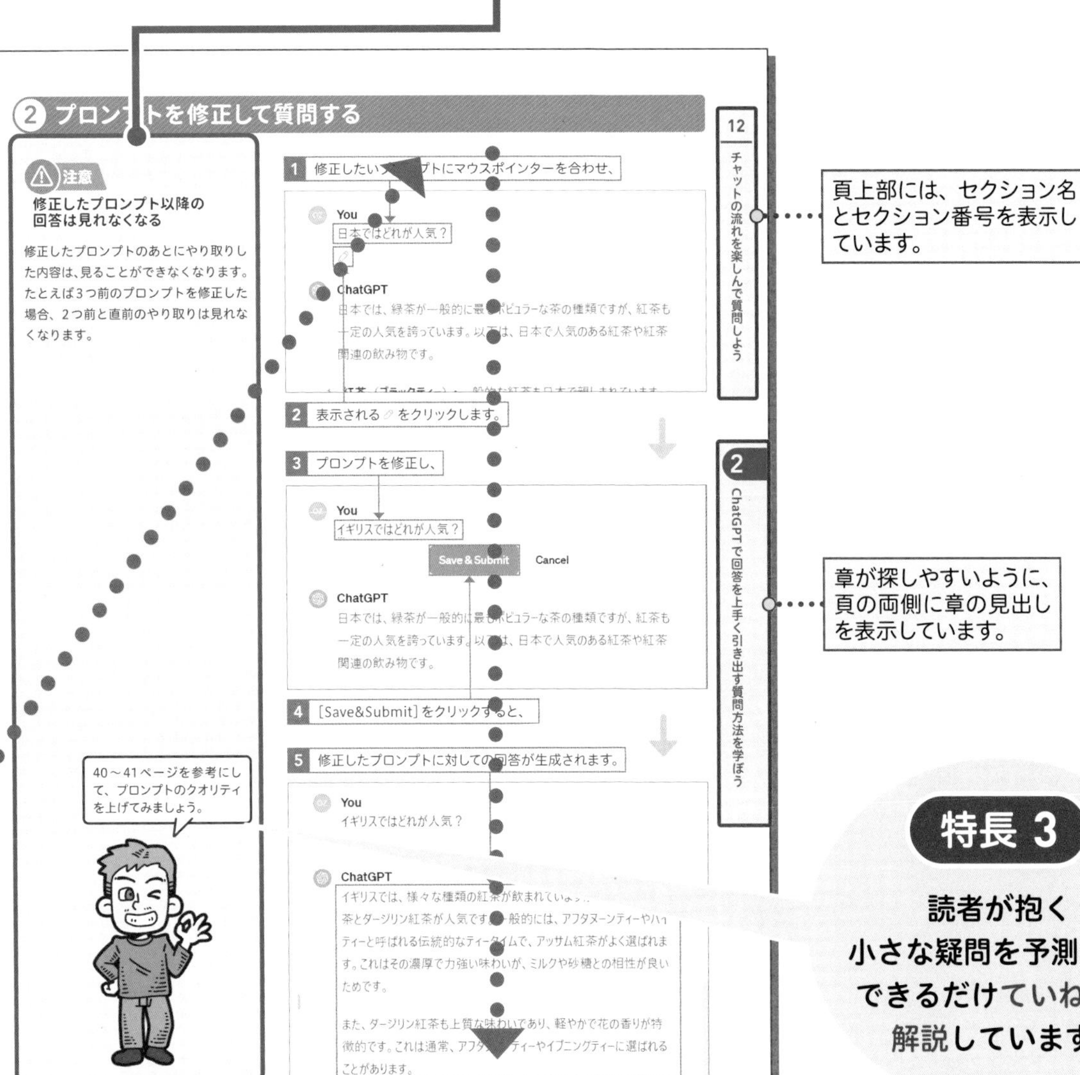

2 プロンプトを修正して質問する
注意
修正したプロンプト以降の回答は見れなくなる
修正したプロンプトのあとにやり取りした内容は、見ることができなくなります。たとえば3つ前のプロンプトを修正した場合、2つ前と直前のやり取りは見れなくなります。
1 修正したいプロンプトにマウスポインターを合わせ、
You
日本ではどれが人気？
ChatGPT
2 表示される をクリックします。
3 プロンプトを修正し、
You
イギリスではどれが人気？
Save & Submit
Cancel
4 [Save&Submit] をクリックすると、
5 修正したプロンプトに対しての回答が生成されます。
40～41ページを参考にして、プロンプトのクオリティを上げてみましょう。
12
チャットの流れを楽しんで質問しよう
2
ChatGPTで回答を上手く引き出す質問方法を学ぼう
37

頁上部には、セクション名とセクション番号を表示しています。

章が探しやすいように、頁の両側に章の見出しを表示しています。

特長 3

読者が抱く小さな疑問を予測して、できるだけていねいに解説しています。

目次

第1章 ChatGPTとAIの基礎知識を知ろう

第2章 ChatGPTで回答を上手く引き出す質問方法を学ぼう

第3章 ChatGPTを使って仕事や創作の作業を効率化しよう

第4章 ChatGPTを使って成果物や生活の質を向上させよう

第5章 ChatGPTやそのほかのAIを便利に活用しよう

ご注意：ご購入・ご利用の前に必ずお読みください

- 本書に記載された内容は、情報提供のみを目的としています。したがって、本書を用いた運用は、必ずお客様自身の責任と判断によって行ってください。これらの情報の運用の結果について、技術評論社および著者はいかなる責任も負いません。
- ソフトウェアに関する記述は、特に断りのないかぎり、2024年2月現在での最新情報をもとにしています。これらの情報は更新される場合があり、本書の説明とは機能内容や画面図などが異なってしまうことがあり得ます。あらかじめご了承ください。
- 本書の内容は、以下の環境で制作し、動作を検証しています。使用しているパソコンによっては、機能内容や画面図が異なる場合があります。
  - ・Windows 11
  - ・Google Chrome
- インターネットの情報については、URLや画面などが変更されている可能性があります。ご注意ください。
- ChatGPTが生成する回答には確率的な要素が含まれており、同じ質問に対して常に同一の回答を得られるとは限りません。そのため、本書の内容と同じプロンプト（質問文）を入力しても、異なる回答が表示される場合があることにご留意ください。

以上の注意事項をご承諾いただいた上で、本書をご利用願います。これらの注意事項をお読みいただかずに、お問い合わせいただいても、技術評論社および著者は対処しかねます。あらかじめご承知おきください。

第1章

ChatGPTとAIの基礎知識を知ろう

Section

01 ChatGPTとは？

ここで学ぶこと

・ChatGPT
・対話型AI
・文章生成

「ChatGPT」は、2022年11月にリリースされた対話型のAIツールです。質問に対する自然な回答の生成により世界中で大きな評判を集め、個人や企業、あらゆる分野で活用されています。

1 ChatGPTとは

「ChatGPT」は、OpenAIが開発・提供する対話型のAIツールです。ChatGPTとチャット形式の会話を行うだけのかんたんな操作で、入力した文章に対して回答させることができます。

ChatGPTは、インターネット上や書籍などの膨大なテキストデータを学習した言語モデルにより、自然かつ的確な文章生成を可能としています。その性能は単なる会話にとどまらず、多岐にわたるタスクにも活用できます。

2022年11月にChatGPTが公開されると、文章生成のクオリティの高さや無料で利用できることなどから、世界中で大きな注目を集めました。公開からわずか5日後には全世界で100万人以上のユーザーを獲得し、2か月後には1億人以上の月間アクティブユーザー（一定期間内にChatGPTを利用したユーザー）を記録したのです。2024年2月現在、ChatGPTは個人だけではなく企業や自治体などでも利用されているほか、テレビやSNSなどでも連日のように関連ニュースが取り上げられ、その話題は絶えることなく続いています。

ChatGPTは対話型のAIツール

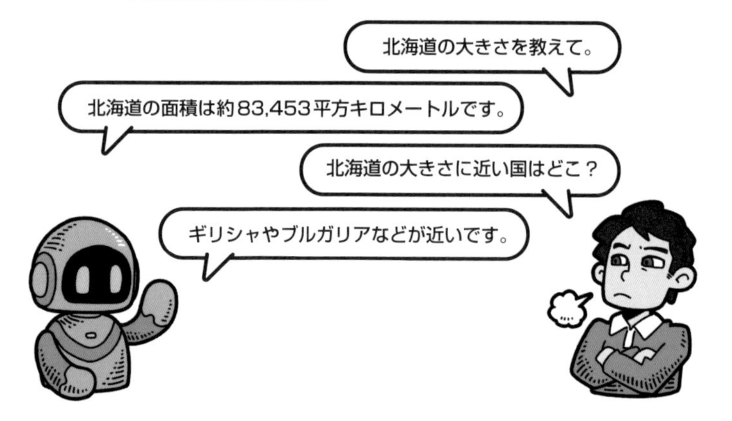

北海道の大きさを教えて。
北海道の面積は約83,453平方キロメートルです。
北海道の大きさに近い国はどこ？
ギリシャやブルガリアなどが近いです。

解説

OpenAI

「OpenAI」は、AIの開発を行うアメリカの企業です。文章生成AIの「ChatGPT」のほかに、画像生成AIの「DALL·E」シリーズなどを提供しています。現CEOのサム・アルトマン氏とX（旧Twitter）などを経営するイーロン・マスク氏らによって、2015年に創設されました。

重要用語

言語モデル

「言語モデル」は、言語の構造や文法、単語の出現パターンなどを学習したコンピュータープログラムです（18ページ参照）。与えられた文脈の中で次に来る単語や文章を予測することができます。

② ChatGPTの特徴

ChatGPTには、以下のような特徴があります。

自然な対話ができる

ChatGPTは、まるで人間と対話しているような自然なやり取りを行えます。また、質問（文章）の中に含まれる感情や微妙なニュアンスを捉え、それに適した表現で応答することも可能です。

多様なトピックに対応できる

ChatGPTは広範囲のデータを学習しており、幅広いトピックについての知識を持っています。それをもとに、多方面の分野に関する質問に答えることができます。

創造的な応答もできる

ChatGPTは単なる情報提供ではなく、質問の内容に応じて独自の表現方法やアイデアを生み出すなど、創造的な応答も可能です。

学習しながら成長できる

ChatGPTが学習しているデータは2021年9月までの情報に限りますが（2024年2月時点）、ユーザーが与える情報から新しい学習をすることが可能です。これにより、最新のトピックや知識に追従して、より適切な応答ができるようになります。

柔軟な回答ができる

ChatGPTは質問や要求に柔軟かつ適切な文章で応答でき、一度生成した回答の変更や調整もスムーズに行えます。異なる文脈や表現に対しても適切な回答を生成し、対話の一貫性を保つことができます。

ChatGPTはさまざまなタスクをこなせる

補足

ChatGPTが学習しているデータ

2024年2月時点でChatGPTが学習しているのは、2021年9月までの情報です。そのデータをベースに回答を生成するため、情報が正しくない場合もあります（21ページ、22ページ参照）。

補足

ChatGPTの利用についての賛否

ChatGPTはその性能の高さから、従来の労働環境を大きく変えるきっかけになると期待されています。しかし利用方法には賛否両論あり、すでに業務への導入を開始している企業もありますが、教育機関では課題やレポートでの利用が禁止されるなど、慎重な姿勢も見られます。

Section
02 そもそもAIって何？

ここで学ぶこと

・AIの基本
・AIの歴史
・生成AI

ChatGPTが大きな話題になり、すっかり聞き慣れてきた「AI」という言葉ですが、実はAIのことをしっかり理解できている人は少ないのではないでしょうか。ここでは、AIの基本について説明します。

1 AIとは

近ごろAI（人工知能）という言葉を日常的に耳にする機会が増えましたが、多くの人がその実態や機能を把握できていないのではないでしょうか。

AIは、コンピューターシステムや機械に人間の知能や認知機能を模倣・再現させ、特定のタスクを実行できるようにする技術です。かんたんにいうと、AIは「人間の知能を模倣した機械」です。

AI は、設計者が想定した範囲の判断と処理を繰り返すだけのコンピュータープログラムとは異なり、学習して、推測や判断の力を成長させることができます。

AIは特定のタスクに特化したものから、あらゆる知的な課題を解決できるものまでさまざまです。幅広い応用が可能なため、人間の仕事や生活スタイルに大きな影響を与えています。

AIは知的なタスクを実行する技術

重要用語

AI

「AI」は、「Artificial Intelligence」の略語です。「Artificial」は「人工的」、「Intelligence」は「知能」を意味し、これを訳して日本語では「人工知能」と呼ばれています。

補足

「弱いAI」と「強いAI」

与えられた課題を解決することに特化（人間の一部知能を実現）したAIを「弱いAI」、人間と同じように意識を持って何をしているかを理解したうえで課題を解決する（人間の代わりになる知能を持つ）AIを「強いAI」といいます。ChatGPTは弱いAIに分類されますが、複数の弱いAIをつないだ「中くらいのAI」を形成する可能性も秘めていると期待されています。

② AIの歴史

解説

AIの始まり

AIの歴史は20世紀初頭にさかのぼります。1950年代にAIの概念が初めて形成され、1956年のダートマス会議でAIの本格的な研究が開始されました。

重要用語

ビッグデータ

「ビッグデータ」は、膨大な量のデータのことで、第3次AIブームにおいて重要な役割を果たしています。ビッグデータには従来のデータ処理方法では扱いきれないほどの情報が含まれます。

ChatGPTの登場によってAIブームが到来したと思われがちですが、AIの概念や存在は古くから存在していました。ゲームAIが発展した1960～1974年の「第1次AIブーム」から始まり、専門家の知識をAIに教え込むシステムが開発された1980～19787年の「第2次AIブーム」、大量のデータ（ビッグデータ）の学習による知能の飛躍でAIの実用化が加速した2000年代の「第3次AIブーム」と、AIの歴史は数えられてきました。また、ChatGPTなどが活発化している現在を「第4次AIブーム」という声もあれば、「もやはブームではなく定着期といって差し支えないと」いう声もあります。
AIがここまでめざましく発達した最大の要因は、AIの基盤となる技術の進歩です。2010年代に入り、「ディープラーニング」と呼ばれる機械学習の一環としての技術が研究され、これがAIの性能向上に著しい影響を与えました（16ページ参照）。
さらに、AIの研究ブームも一因とされます。ディープラーニングが技術的に成功を収めたことで、今では世界中の企業や機関がAIの研究に力を注いでいます。その結果、AIの歴史上かつてない速さで新たな成果が生み出され続けています。

③ 生成AIの誕生

コンピューターの性能向上もAI普及の一助になった

AIの発展を底上げした要因の1つに、コンピューターの性能向上も挙げられます。多数のコンピュータを一体的に動かすことによって短時間で膨大な計算をこなす技術として「コンピュータ·クラスター」があります。コンピューターが高性能かつ身近な存在になったことで、この技術や理論の幅が拡大しました。

AIは「人間の知能を模倣した機械」と説明しました。その中で、人間が指示した内容に応じて文章や画像などを作成できるAIを、「生成AI」といいます。ChatGPTは、この生成AIにあたります。
これまでのAIは、おもに「データの分類や予測など、特定のタスクの実行」を目的として開発されてきました。これは、与えられた入力データからパターンやルールを学習し、それらを活用してタスクを遂行するものです。対して生成AIは、おもに「新しいデータや情報、コンテンツの生成」を目的として開発されました。これは、学習データからデータの傾向を把握し、新しいデータを生成するものです。

生成AI

文章生成AI

画像生成AI

動画生成AI

音声生成AI

Section
03 ChatGPTの学習にも使われた機械学習やディープラーニングってどういうしくみ？

ここで学ぶこと

・AIのしくみ
・機械学習
・ディープラーニング

ChatGPTの学習に用いられた技術の中核には、「機械学習」と「ディープラーニング」があります。ここでは、この2つの技術がChatGPTにどのように組み合わさって進化したのかを説明します。

1 AIのしくみと種類

解説

機械学習の学習方法

機械学習では判断基準となるデータを学習する必要がありますが、その学習方法は以下の3つに分類されます。

●**教師あり学習**

正解／不正解があるデータで学習させる方法です。たとえば、あらかじめ猫や犬のラベルが付けられた画像など、人間が分類済みのデータで学習を行います。

●**教師なし学習**

正解／不正解がないデータで学習させる方法です。たとえば、インターネット上の文章など、多様なデータから自ら特徴量を見つけ出して学習を行います。

●**強化学習**

正解に報酬を与えて学習させる方法です。たとえば、ゲームの得点など報酬を最大化するように自動的に学習を行います。

AI技術の一環として、「機械学習」と呼ばれる手法が誕生し、これによりデータの特徴を学習して分類や予測などの特定のタスクを実行できるようになりました。さらに、「ディープラーニング」が進化し、これまで人間が指定していたデータの特徴をAI自体が判断して学習を継続する能力が向上しました。
その中でも特に大きな進展が見られたのが「大規模言語モデル」であり、これは言語理解のために大量のデータを用いて学習しました。大規模言語モデルの発展を受けて生まれたものの1つが、「生成AI」です。

AIの分類

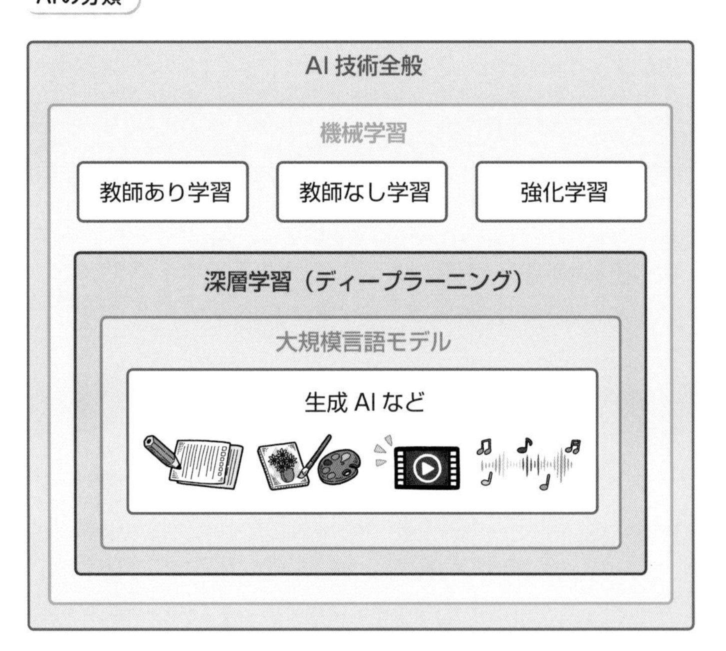

② 機械学習とディープラーニングのしくみ

重要用語

ニューラルネットワーク

「ニューラルネットワーク」は、脳の神経細胞を模倣した数学的モデルです。情報は「ノード」と呼ばれる要素がつながった層を通じて伝わり、各つながりには学習された「重み」があります。これにより、「ネットワーク」は特定のタスクに対して予測や判断を行います。

解説

機械学習とディープラーニングの違い

機械学習ではかんたんな特徴や規則を用いて対象を判断しますが、ディープラーニングでは画像のピクセルからより複雑な特徴を学習し、高度な特徴を抽出します。

▶ 機械学習

「機械学習」は、コンピューターが自動的にルールやパターンを学び、新しいデータに対して決定や予測を行えるようにする技術です。
たとえば、コンピューターに「その画像が犬か猫かを見分ける方法」を学習させるとします。まずはじめに大量の犬と猫の画像（データ）を与えると、コンピューターは「犬らしさ」や「猫らしさ」を学習します。与える画像には多様性を持たせ、「犬の耳の形」や「猫の尾の長さ」などの特徴を理解させます。学習の完了後に新しい画像を与えると、コンピューターは学習した知識をもとに「これは犬」「これは猫」と判断します。これが機械学習の基本的なしくみです。

▶ ディープラーニング

「ディープラーニング」（深層学習）は、多層のネットワーク構造（ニューラルネットワーク）を用いて、人間の脳のように複雑な特徴を抽出し、その学習モデルを構築する手法です。
たとえば、コンピューターに「その画像が犬か猫かを見分ける方法」を学習させる場合、ディープラーニングは最初の層で基本的な特徴を学び、次第に高度な特徴として「犬の口の形」や「猫の目の色」などを抽出します。これにより、ディープラーニングは複雑な特徴を理解し、その学習モデルを構築します。ディープラーニングが進化することで、AIは人間が指定せずとも、「犬の毛並み」や「猫のしぐさ」などのデータの特徴を自ら判断して学習を継続することができます。

機械学習とディープラーニングのしくみ

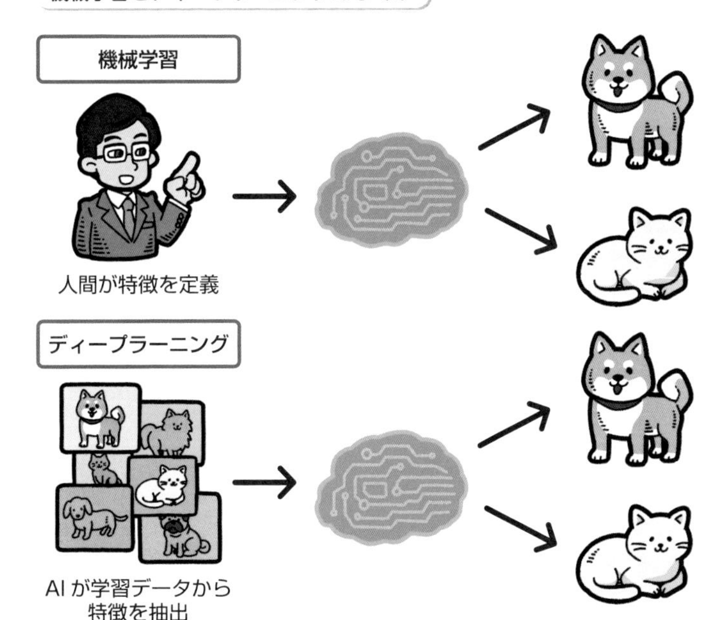

Section
04 ChatGPTの「GPT」って何？

ここで学ぶこと

- GPT
- 大規模言語モデル
- モデルによる違い

「GPT」は、2018年に公開された大規模言語モデルの1つです。あらゆる作業の効率を高めることができるツールとして大きなインパクトを与えたChatGPTには、このモデルが採用されています。

1 GPTとは

ChatGPTの「GPT」（Generative Pre-trained Transformer） は、OpenAIが開発した「大規模言語モデル」です。「Generative（生成）」「Pre-trained（事前学習）」「Transformer（ディープラーニングの手法の1つ）」は、それぞれGPTに利用されている技術などを指します。つまりGPTは、事前学習とディープラーニングによって、一般的な言語や長い文脈の理解を可能とし、新しい文章の生成や質問応答、言語翻訳など、多岐にわたる自然言語処理のタスクを実行できる技術なのです。
GPTは2018年に初めて初期モデルの「GPT-1」が発表され、その後2019年 に「GPT-2」、2020年 に「GPT-3」、2022年 に「GPT-3.5」、2023年に「GPT-4」と、少しずつ性能のアップデートを重ねてきました。ChatGPTには、「GPT-3.5」と「GPT-4」の2つのモデルが組み込まれています。

GPTは大規模言語モデル

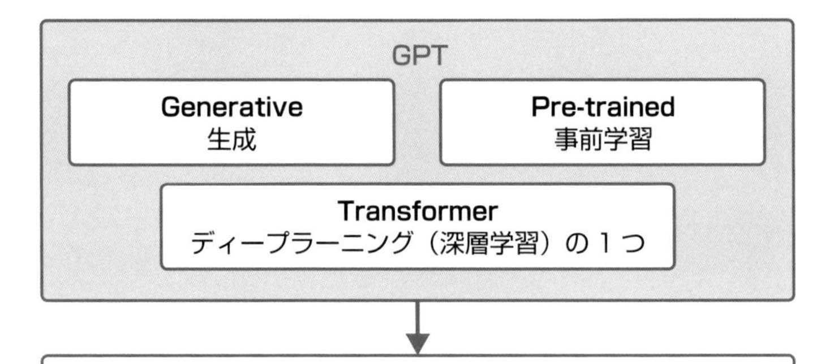

重要用語
大規模言語モデル

「大規模言語モデル」（LLM：Large Language Models）は、大量のデータとディープラーニング技術によって構築された言語モデルです。文章作成などの自然言語処理タスクにおいて、優れた性能を発揮します。ChatGPTは大規模言語モデルが採用されているサービスの1つです。

補足
ChatGPT以外の大規模言語モデル

ChatGPT以外に大規模言語モデルが採用されているサービスには、Microsoftの「Copilot」、Googleの「Gemini」などがあります。今後さらにサービスが増えていくと考えられます。

② GPT-3.5とGPT-4の違い

ChatGPTに採用されている言語モデルはGPT-3.5とGPT-4で、どちらも文章生成や質問応答、翻訳など、さまざまなタスク実行のスキルを持っています。しかし、この2つにはいくつかの違いがあります。
GPT-3.5は2022年11月に公開され、前身モデルのGPT-3に比べて生成の精度が向上しました。ただし、アメリカの司法試験問題を解かせてみても結果は下位10%の成績にとどまり、決して実用的なAIとはいえないものでした。
その後2023年3月に公開された最新モデルのGPT-4は、GPT-3.5よりもさらに高度で柔軟な応答が可能となりました。その証拠に、司法試験の成績は上位10%に入るまでに改善できています。これはデータの学習量（パラメーター数）や文字の処理性能（トークン数）がGPT-3.5よりもGPT-4のほうが大幅に増えたことで、より長文を分析・生成できるようになったからです。
加えて、GPT-4では文字だけでなく画像や音声などの異なるデータの処理にも対応できるようになりました。具体的には、画像に対するキャプションの生成や、音声に基づくテキストの生成などが挙げられます。
なお、ChatGPTの無料プランで利用できるのはGPT-3.5です。GPT-4を利用したい場合は、ChatGPTの有料プランに加入する必要があります（26ページ、148ページ参照）。すぐにGPT-4の性能を試してみたいという場合は、Microsoftの「Copilot」（「Copilot in Windows」または「Copilot in Edge」）をチェックしてみましょう。Windows 11のパソコンやMicrosoftのアカウントを持っていれば、誰でも無料で利用できます。

GPT-3.5とGPT-4の違い

	GPT-3.5	GPT-4
機能	・文字入力による文章の生成	・文字入力による文章の生成 ・画像入力による文章の生成 ※スマホアプリ版のChatGPT、有料プランの「ChatGPT Team」のみ利用可能
スキル	司法試験で下位10%の成績	司法試験で上位10%の成績
パラメーター数	1,750億	5,000億～100兆
トークン数	2,048（約5,000文字）	32,768（約25,000文字）
利用方法	・ChatGPT（無料プラン） ・OpenAIが提供するAPI	・ChatGPT（有料プラン） ・OpenAIが提供するAPI ・MicrosoftのCopilot

重要用語

パラメーター

「パラメーター」は、言語モデルやプログラム内の変数のことを指します。パラメーター数が多いほどモデルは複雑で、より高度なタスクに対応できるようになります。

重要用語

トークン

「トークン」とは、単語や語句などのテキストを構成する最小単位のことを指します。各トークンが独自の意味を持ち、それらを組み合わせることで文章全体の意味や文脈が形成されます。たとえば、「I like reading books.」という文章の場合、「I」「like」「reading」「books」「.」の5つのトークンに分割されます。ChatGPTの文字数は、トークン数で制限されます。

補足

同じプロンプトでも回答が異なる場合がある

ChatGPTが生成する回答には確率的な要素が含まれており、1つの質問に対して毎回同じ回答が表示されるとは限りません。同じプロンプト（質問文）を入力しても、情報量や表現などが微妙に異なる回答が生成されることがあります。

Section

05 ChatGPTでできること、できないことは？

ここで学ぶこと

- ChatGPT
- できること
- できないこと

ChatGPTは「言葉」に関するさまざまな分野で優れた成果を上げていますが、一方でシステム上の制約もあります。ここでは、ChatGPTができること、できないことを説明します。

1 ChatGPTでできること

ChatGPTは、与えられたテキストに対して、広範な学習データの中から「もっとも確率の高い言葉」を予測し、それらを組み合わせて「ふさわしい回答」を生成します。この特性により、人間の言語の理解や処理におけるタスクをこなすことに長けています。
ビジネス、クリエイティブ、プライベートなど、さまざまなシーンで活用できますが、その中でも「作業効率を向上させるタスク」（第3章参照）や、「品質を向上させるタスク」（第4章参照）に対しては、特に強みを発揮します。

日常会話

人間と同じような日常会話ができます。暇な時間の話し相手、悩みごとの相談、質疑応答など、自然な対話が可能です。

文章作成

テーマやキーワードを与えることで独自の創作文を作成したり、メールや報告書のテンプレートを作成したりできます。

要約、リライト、校正

文字数の多い記事や難しい文献を要約したり、作成した文章をわかりやすくリライトしてブラッシュアップしたりできます。また、文章の正確性や統一感を維持するための校正、他言語への翻訳なども対応可能です。

アイデア出し

テーマに沿ったアイデア出し、レシピの考案など、さまざまな提案を受けることができます。

応用技

Excelでの利用も可能

ChatGPTをExcel内で利用できる「拡張機能」（有料プラン限定）を追加することで、データの分類や抽出、数式の計算、グラフや表の作成、テンプレートの作成などができるようになります。

補足

情報収集も可能

一般常識や自然科学の原理など、どの国や時代でも普遍的である情報であれば、ChatGPTをリサーチに役立たせることもできます。最新情報を得たい場合は、有料プランに加入する必要があります。

応用技

画像の生成も可能

これまでChatGPTでは画像の入力・出力には未対応でしたが、スマホアプリ版のChatGPTや企業・組織向けの有料プランでは、画像の生成ができるようになりました（26ページ参照）。

② ChatGPTでできないこと

高性能なChatGPTにも、いくつか苦手なことがあります。できないことの多くは、おもに「言語モデルの範囲外」のことです。そのため、事実や知識の正しさを問うような目的にはあまり向いていないと考えたほうがよいでしょう。

最新情報の取得

ChatGPTが学習しているデータは、2021年9月までの情報に限ります(2024年2月時点)。そのため、最新情報を求める質問には回答できません。もし回答が生成された場合でも、誤った情報である可能性が高いです。

専門情報の取得

法律や医療など、専門的な学術に関する具体的な情報は学習データに含まれていない場合が多く、アドバイスや質問を求められても回答できません。また、ローカルな情報やマニアックなジャンルの情報も把握していないと考えたほうがよいでしょう。

計算

ChatGPTは文脈に依存した言葉の処理に特化しているため、計算や数学に関する知識は限定的です。かんたんな計算は可能ですが、桁数の多い複雑な計算は正しい解答が得られない場合があります。

長期記憶

ChatGPTには文字数(トークン)の制限があります。つまり記憶力に限りがあるため、応答を重ねていくと最初のほうに与えた情報を忘れてしまう場合があります。

未来の予測

ChatGPTは確定的な情報から回答を生成しています。そのため、将来の株価の動向、数年後のオリンピックの結果、著名人のニュースなど、何が起こるかわからない未来の複雑な出来事や変化を予測して回答することはできません。

センシティブな会話

ChatGPTでは、ユーザーの安全性を確保するために、センシティブな会話が制限されています。違法な活動の奨励や助言、差別的・攻撃的な表現、暴力や危険な行為を促進させるような回答は生成されません。

ChatGPTで最新情報を得るには

ChatGPTのWebブラウジング用の拡張機能(有料プラン限定)を使うと、Webページから最新のニュースやリアルタイムの情報を回答に反映させることができます。

複雑なタスクを同時に与える

ChatGPTは複雑な指示をこなすことが苦手です。多くの条件のタスクを一気に与えると、指示の内容を取りこぼしたり、処理が混在して的外れな回答をしたりする場合があります。ChatGPTはやり取りを重ねることで回答の精度が上がるため、細かく具体的な指示を複数に分けて入力するようにしましょう。

思考力や発想力の低下に不安

人間はこれまでさまざまなことを外部化・自動化してきましたが、ゼロから1を生み出す能力は人間だけのもので、現状AIにはできません。しかしChatGPTに頼りすぎてしまうことで、人間は思考力や発想力を鍛える機会を失い、新しいものを生み出す能力が低下する可能性があります。一方で、使い方次第ではChatGPTはむしろ人間の思考力や発想力を向上させるきっかけになるとも考えることができます。すべてをChatGPTに丸投げするのではなく、あくまで補助的なツールとして使用することが重要です。

Section

06 ChatGPTを安全に使うために注意したいことは？

ここで学ぶこと

・回答の正確性
・情報の入力
・権利の侵害

ChatGPTは非常に有能なツールですが、安全に利用するためにはいくつか注意しなければならないポイントがあります。禁止事項や注意事項をしっかりと確認しておきましょう。

1 回答の正確性に注意する

ChatGPTが生成する文章には誤った情報が含まれる可能性があり、OpenAIの利用規約にもその旨が明記されています。これは、ChatGPTが文章の内容を完全に理解しているわけではなく、一般的な言葉の予測と組み合わせて回答しているに過ぎないからです。事実と異なる情報であっても、綺麗にまとまった文章を生成するため、その嘘に気付かないことがあるかもしれません。
さらに、ChatGPTはフェイクニュースやフィクションの物語も学習している可能性があり、誤った情報だけでなく、時には差別的な回答や危険な回答を生成してしまうこともあります。
また、21ページで説明したように、ChatGPTが学習した情報は2021年9月までのものであり、それ以降の情報については基本的に回答できません。したがって、もし回答が生成されたとしもその情報を鵜呑みにするのではなく、必ず自身で正しい情報を確認することが重要です。

ChatGPTの回答は必ずしも正しいとは限らない

2分の1と5分の1ではどちらが大きい？

2分の1と5分の1を比較すると、
5分の1のほうが大きいです。

補足

利用規約に記載されている禁止事項

OpenAIの利用規約には、以下のような禁止事項が記載されています。内容は予告なく変更される場合があるため、常に最新の内容を確認するようにしましょう（https://openai.com/policies/terms-of-use）。

- 他人の権利を侵害、悪用、または侵害する方法での利用
- OpenAIが所有するサービスの変更、コピー、リース、販売、配布
- OpenAIが所有するサービスのソースコードまたは基盤となるコンポーネントの発見や支援
- 自動またはプログラムでのデータ抽出
- OpenAIが所有するサービスの妨害
- OpenAIと競合するモデルを開発するための出力

注意

ChatGPTの年齢制限

OpenAIの利用規約では、13～18歳がChatGPTを利用するには保護者の同意が必要とされています。

② 個人情報や機密情報は入力しない

企業でのChatGPTの使い方

企業でChatGPTを安全に利用する場合は、ルールを策定して社内に共有しておくことが重要です。使用を許可制にする、入力してはいけない情報を決めておく、学習機能をオフにする（140ページ参照）、パソコンに監視ソフトを導入する、などのセキュリティ対策を講じておくとよいでしょう。また、企業・組織向けの有料プランへの加入もおすすめです（26ページ参照）。

ChatGPTは事前に学習した情報だけでなく、ユーザーが入力した情報も学習データとして利用します。これはサービスの開発や改善のためとされていますが、非常にリスクが高いといえます。
ChatGPTは具体的な個人や特定の企業に関連する事項は学習していないため、そういった情報は基本的に出力されることはありません。しかし、個人的な情報を入力してしまうとそれを学習データとして蓄積して、第三者への回答として出力する可能性があります。
学習機能をオフにすることもできますが（140ページ参照）、プライバシーに関わる情報は入力しないことが鉄則です。

他者に知られてはいけない情報は入力しない

③ 著作権を侵害する使い方はしない

ChatGPTを利用するにあたっては、著作権侵害など、法的に注意しなければならない問題も少なくありません。
ChatGPTで生成された文章や画像などのコンテンツは商用利用が可能とされていますが、それがすでに存在している著作物と類似している場合があります。著作権を侵害しないようにするためには、通常の回答と同様に人間のチェックが必須です。文章の場合はコピーチェックツール、画像の場合はGoogleの画像検索などで、類似するコンテンツがないかを調べてみるとよいでしょう。
ChatGPTで生成したコンテンツの法律上の問題については、24ページで詳しく説明します。

Section 07

ChatGPTで生成したコンテンツの利用に法律上の問題はないの？

ここで学ぶこと

- 法律上の問題
- 著作権
- 権利の侵害

ChatGPTをはじめとする生成AIを使用して生み出された文章や画像などのコンテンツの利用には、著作権侵害などの問題が発生する場合があります。生成したコンテンツの扱いは慎重に行いましょう。

1 ChatGPTで生成したコンテンツの法的問題の有無

ChatGPTで生成した文章や画像などのコンテンツを利用することについて、法律上の問題は発生しないか、気になる人も多いでしょう。実は、ChatGPTの法的問題に対しては具体的な基準が確立されておらず、世界中で論争が絶えない状況です。

特に注意が必要なのが、著作権侵害に関する問題です。2024年2月時点のOpenAIの利用規約によると、「ChatGPTで生成したコンテンツの権利は、すべてユーザーに譲渡する」とされています（https://openai.com/policies/terms-of-use）。これにより、「ChatGPTで生成された文章や画像などのコンテンツは商用利用が可能」と解釈できますが、著作権には留意が必要です。

ChatGPTはインターネットや書籍など、既存の文章や画像を大量に学習しています。その膨大なデータの中から情報を引き出してコンテンツを生成するため、場合によっては既存の著作物と内容が酷似してしまうケースもあります。コンテンツを個人で楽しむ分には差し支えありませんが、インターネット上で公開したり販売したりするとなると、問題になる場合があります 。

こういった事態の対処法として、生成されたコンテンツが第三者の著作物でないかを確認することがユーザーに求められます。文章であればコピーチェックツールを使って文章構造や表現方法などを、画像であればGoogleの画像検索を使って構図や色使いなどを、既存のコンテンツと類似していないかチェックできます。それらをクリアした場合でも、コンテンツを外部に公開する際には、ChatGPTを使用して制作した旨を記載しておいたほうがよいでしょう。

また、23ページで説明したように、プライバシーを侵害するコンテンツ、差別や攻撃的な表現のコンテンツを生成し悪用することも、法的な問題が発生するおそれがあります。

そして、OpenAIの利用規約の内容は予告なく変更される場合があります。規約に大きな変更がないかを定期的に確認するようにしましょう。

法的責任の所在

ChatGPTが生成したコンテンツが法的問題を引き起こした場合、責任の所在はユーザーになるのかOpenAIになるのかは、事例により異なります。

自分の著作権が侵害された場合

ChatGPTで自分の著作権が侵害されていた場合、「OpenAI DMCA Takedown Form」（https://docs.google.com/forms/d/e/1FAIpQLSeSq2JNu9g8skmUCXh9968brvVftNa2lNInG_KyNJlBPEuZJw/viewform）から抗議の申し立てができます。侵害が認められた場合、該当コンテンツは削除または無効化され、侵害を繰り返すユーザーのアカウントは停止されるとしています。

② AIで生成したコンテンツの著作権の行方

2023年6月22日、文化庁は令和5年度 著作権セミナー「AIと著作権」の講演映像とその資料を公開しました。ここには、「AIで生成したものが著作物としてどこまで認められるのか」「どんな場合に著作権侵害に該当するのか」などについて言及されています。

「AIと著作権」の講演映像

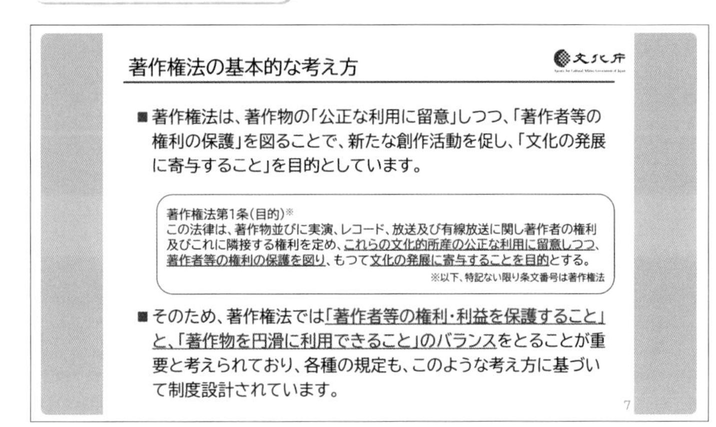

この資料によると、AIで生成されたコンテンツの著作権は、「AIを道具として利用して生成したコンテンツ」なのか、「AIが自律的に生成したコンテンツ」なのかによって見定めるとされています。「AIを道具として利用して生成したコンテンツ」とは、パソコンや筆などと同様の「道具」としてAIを利用して生成したコンテンツか、ということです。この場合、コンテンツの主体は人間であり、著作権はAIを利用したユーザーにあるとみなされます。一方で「AIが自律的に生成したコンテンツ」は、指示を与えたのが人間であっても、感情の表現に利用されていないとみなされ、著作権は発生しません。
どの段階から著作権が発生するのかは判断しづらいですが、現状の著作権法を以てAIを規制すると、このような方針に落ち着くようです。

AIで生成したコンテンツの著作権

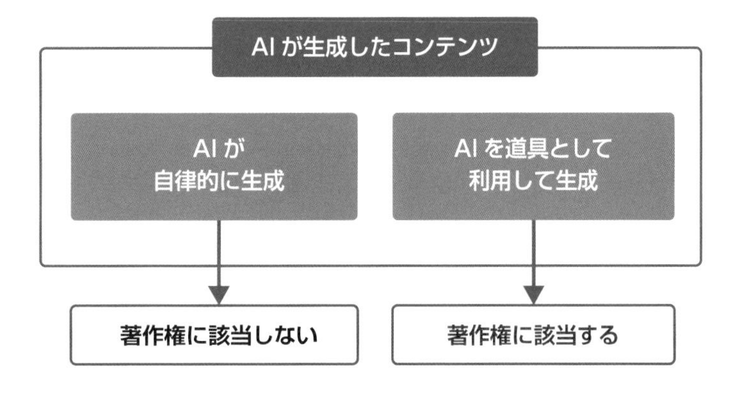

「AIと著作権」の公開場所

文化庁が公開した令和5年度著作権セミナー「AIと著作権」の講演映像および資料は、以下から閲覧できます。
https://www.bunka.go.jp/seisaku/chosakuken/93903601.html

著作権侵害を訴える事例も出ている

2023年12月、アメリカの新聞「ニューヨーク・タイムズ」がAIの学習データとして数百万もの記事が無断で使用されたとして、OpenAIとMicrosoftを提訴しました。OpenAIとMicrosoftはこれまでのところ、AIの学習において著作物を使用することは、著作権法における「公正な利用」に該当するとの意見を示しています。

文化庁が「AIと著作権に関する考え方」の素案を公開

2023年12月、文化庁は生成AIによるコンテンツの無断学習が著作権侵害にあたる場合もあるとする「AIと著作権に関する考え方」の素案を公開しました。今後議論を重ね、2023年度末をめどに内容を固めて公表される方針ですが、2024年1月に開かれた文化審議会では、この素案がおおむね了承されています。素案は以下から閲覧できます。
https://www.bunka.go.jp/seisaku/bunkashingikai/chosakuken/hoseido/r05_05/pdf/93980701_01.pdf

Section 08

ChatGPTの3つのプランにはどういう違いがあるの?

ここで学ぶこと

・ChatGPTのプラン
・有料プランの特徴

ChatGPTには、誰でも利用可能な無料プランの「ChatGPT Free」、有料プランの「ChatGPT Plus」と「ChatGPT Team」の3つがあります。無料プランでも十分に機能を体験できますが、有料プランのみで利用できる機能などを覚えておきましょう。

1 ChatGPTの3つのプラン

ChatGPTには、無料プランの「ChatGPT Free」、有料プランの「ChatGPT Plus」と「ChatGPT Team」の3つが用意されています。無料プランはChatGPTのアカウント(28ページ参照)を作成すれば、誰でも利用できます。有料プランはサブスクリプション制で、個人向けの「ChatGPT Plus」と企業・組織向けの「Team」があります。

無料プランと有料プランの大きな違いは、搭載されている言語モデルです。無料プランで利用できる言語モデルはGPT-3.5ですが、有料プランでは最新のGPT-4が利用できます。19ページで説明したように、GPT-4はGPT-3.5と比べてより長文を分析・生成できるようになっています。

そのほかにも、有料プランには無料プランで指摘される欠点を解決する機能が多く搭載されています。

解説

新プランの「ChatGPT Team」

企業・組織向けの「ChatGPT Team」は、2024年1月に発表された最新のプランです。これまでも企業・組織向けに「ChatGPT Enterprise」というプランがありましたが、大企業や大規模な組織を対象としており、小規模の企業や組織にはハードルが高いとされていました。

ChatGPTのプランによる違い(2024年2月時点)

	無料プラン	有料プラン	
プラン名	ChatGPT Free	ChatGPT Plus	ChatGPT Team
対象	個人	個人	企業・組織
料金	無料	月額20ドル(約2,800円)	1ユーザーにつき月額30ドル(約4,360円) ※年間契約では月額25ドル(約3,630円)
言語モデル	GPT-3.5	GPT-4	GPT-4
特徴	·アクセスが少ない時間に接続可能 ·標準的な応答速度 ·一部の機能に制約	·GPT-4が利用可能 ·アクセスが多い時間でも接続可能 ·応答速度の短縮 ·新機能の先行利用 ·拡張機能の利用	·ChatGPT Plusの全機能が利用可能 ·2ユーザー以上から利用可能 ·GPT-4に加え、DALL·E 3も利用可能 ·学習機能がデフォルトでオフ ·組織ごとのワークスペースが利用可能 ·カスタムアプリ「GPTs」が共有可能

② 有料プランの特徴

有料プランには言語モデルの違いのほかに、以下のような特徴があります。

スムーズに接続できる

ChatGPTの利用者数が急増したことに伴い、特定の時間帯にアクセスが集中し、接続が遅くなることがあります。有料プランでは、こういった状況でも優先的に接続でき、ストレスなくChatGPTを利用できます。

応答速度が高速になる

入力した文章に対する処理がすばやく行われ、即座に回答を受け取ることができます。

新機能を先行利用できる

ChatGPTに新しい機能が追加された際、有料プランに加入しているユーザーはいち早くその機能の利用が可能となっています。

拡張機能が利用できる

有料プランでは、外部サービスの拡張機能を利用できます。拡張機能を追加することで、これまでChatGPTだけでは不可能だったグラフの作成やWebからの最新情報の取得などが可能になります。

画像生成AIが利用できる（ChatGPT Teamのみ）

「ChatGPT Team」に限りますが、画像生成AIの「DALL·E 3」にアクセスし、ChatGPTから指示を出して画像を作成することが可能です。

入力データが学習されない（ChatGPT Teamのみ）

「ChatGPT Free」と「ChatGPT Plus」で学習機能をオフにするには設定の変更が必要でしたが、「ChatGPT Team」では、デフォルトで学習機能がオフになっており、情報漏洩などの懸念が低減します。

ワークスペースを利用できる（ChatGPT Teamのみ）

「ChatGPT Team」に限りますが、組織ごとに用意されたワークスペースでクローズドなやり取りが行えます。また、各ワークスペースではカスタムアプリ「GPTs」が利用できるため、業務効率の向上に期待が持てます。

注意

有料プランも完璧ではない

有料プランに加入したからといって、必ずしもすべてのメリットを享受できるわけではありません。予期せぬ状況においては、有料プランの利用者でも接続や応答に待ち時間が発生する可能性があります。また、生成される文章の精度も完璧ではありません。

重要用語

拡張機能（プラグイン）

「拡張機能」は、Google Chromeにインストールして利用するプログラムです。2024年2月時点で拡張機能は600個以上公開されており、ChatGPTをより快適に便利に使うことができる機能が揃っています。

重要用語

DALL·E 3

「DALL·E 3」は、OpenAIが開発·提供する画像生成AI「DALL·E」シリーズ（153ページ参照）の最新版です。ChatGPTと同様、ユーザーが入力した指示の内容に基づいて、詳細でリアルな画像を生成します。

補足

有料プランを使うべきユーザー

ChatGPTを「たまに利用する」「個人の趣味の範囲で楽しむ」といった程度の場合には、無料プランで申し分ないでしょう。「機能を十分に利用したい」「リスクを最小限に抑えたい」という場合には、有料プランがおすすめです。

Section

09 WebブラウザでChatGPTのアカウントを作成しよう

ここで学ぶこと

・アカウント作成
・メールアドレス
・外部サービス

ChatGPTを利用するためのアカウントは、Google ChromeやMicrosoft EdgeなどのWebブラウザからかんたんに作成できます。メールアドレスのほか、外部サービスのアカウントを利用してのアカウント作成も可能です。

1 ChatGPTのアカウントを作成する

補足

電話番号の登録は不要

これまではChatGPTのアカウントを作成するためには電話番号の登録が必須でしたが、2023年12月から電話番号の登録が不要になりました。

補足

OSやWebブラウザの制限はない

本書ではWindowsでChatGPTを利用していますが、Macでの利用も可能です。また、WebブラウザはGoogle Chromeのほか、Microsoft Edge、Firefox、Safariなどにも対応しています。

1 Webブラウザで「https://openai.com/」にアクセスし、[Try ChatGPT]をクリックします。

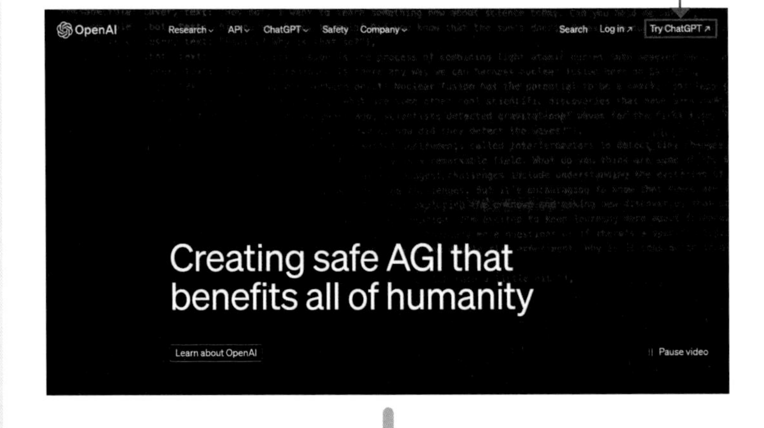

2 [Sign up]をクリックします。

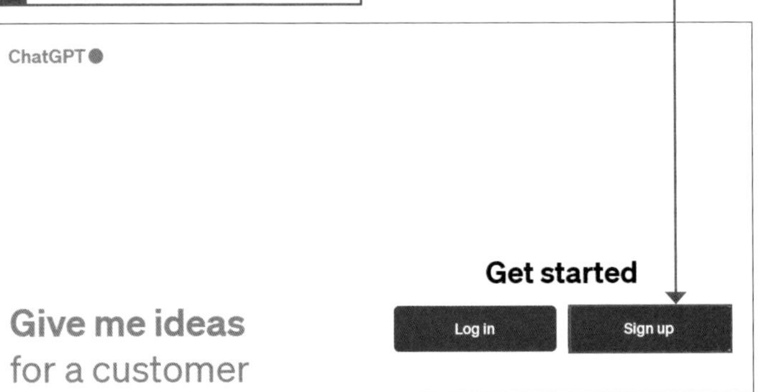

外部サービスのアカウントを使用してアカウントを作成する

Googleアカウント、Microsoftアカウント、Apple IDのいずれかを所有している場合、それらの情報を使用してChatGPTのアカウントを作成できます。28ページ手順**2**の画面下部の[Continue with Google][Continue with Microsoft Account][Continue with Apple]のいずれかをクリックして、アカウントの作成を進めましょう。

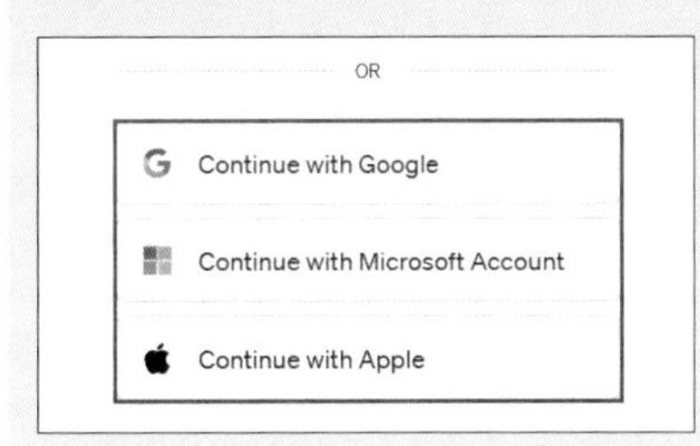

パスワードの設定

パスワードは12文字以上で設定する必要があります。

メールをすばやく起動する

手順**6**のあとに表示される「Verify your email」画面で[Open ○○(メールサービス名)]をクリックすると、メールをすばやく起動できます。

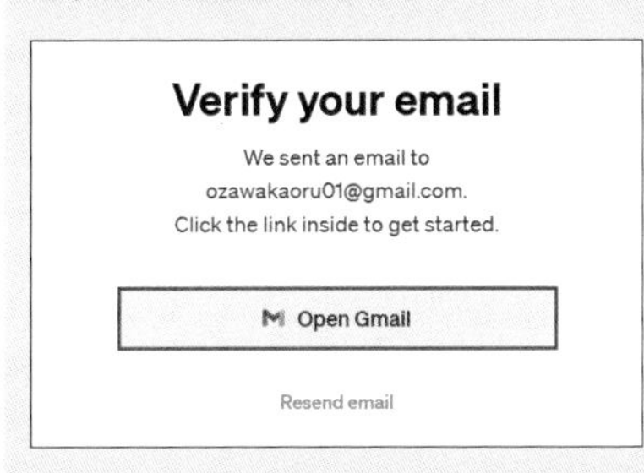

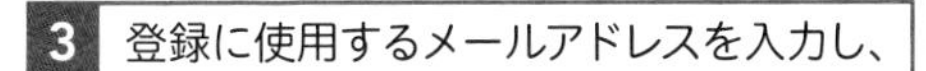

3 登録に使用するメールアドレスを入力し、

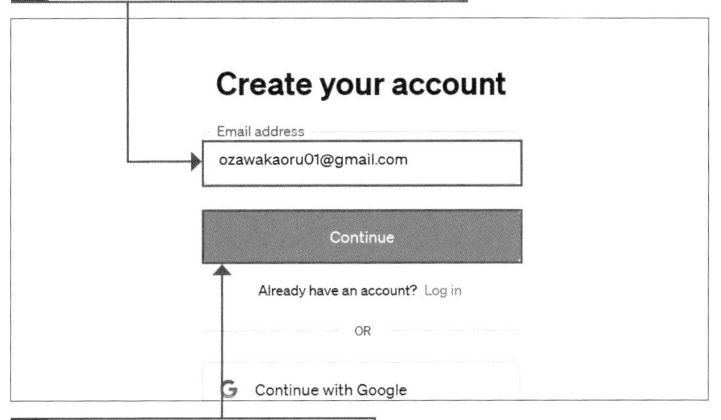

4 [Continue]をクリックします。

5 任意のパスワードを入力し、

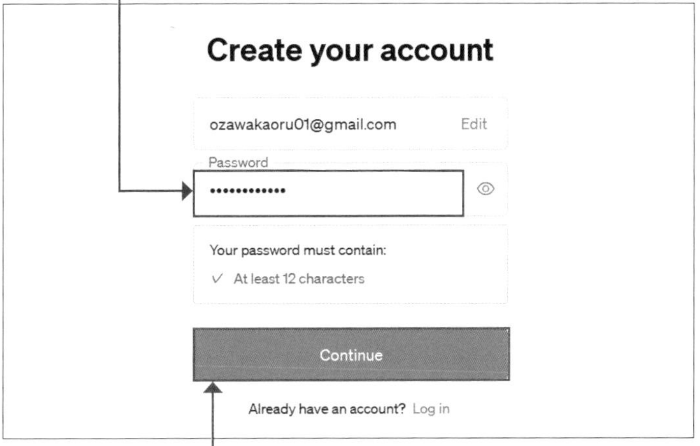

6 [Continue]をクリックします。

7 届いたメールを表示し、[Verify email address]をクリックします。

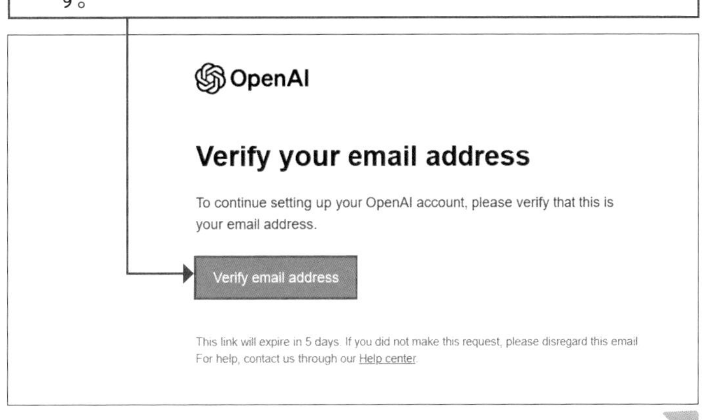

8 名前と生年月日を入力し、

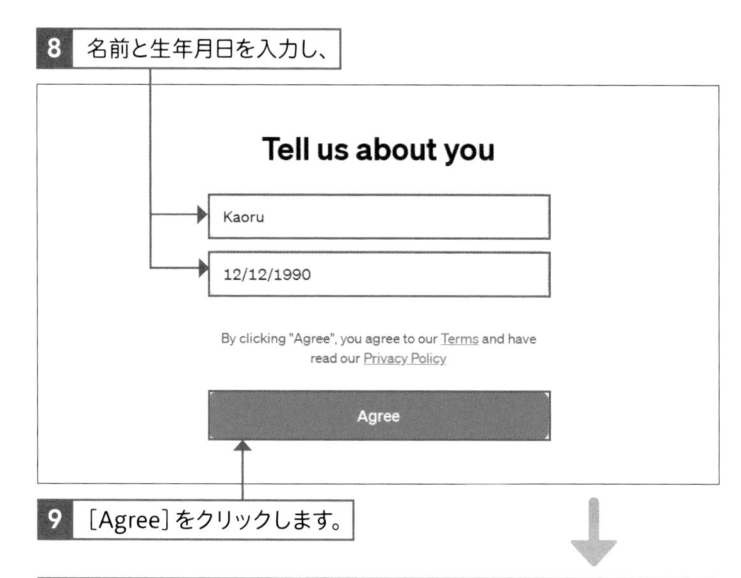

9 [Agree]をクリックします。

10 初回起動時に表示される画面の[Okay,let's go]をクリックします。

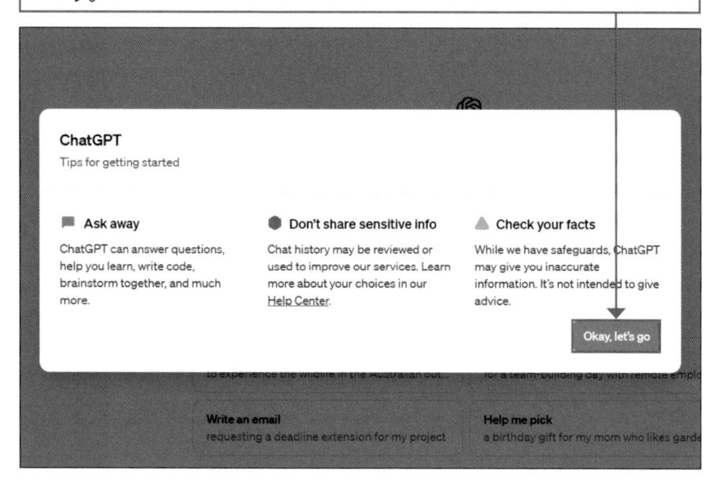

ChatGPT
Tips for getting started
Ask away
ChatGPT can answer questions, help you learn, write code, brainstorm together, and much more.
Don't share sensitive info
Chat history may be reviewed or used to improve our services. Learn more about your choices in our Help Center.
Check your facts
While we have safeguards, ChatGPT may give you inaccurate information. It's not intended to give advice.
Okay, let's go
Write an email
requesting a deadline extension for my project
Help me pick
a birthday gift for my mom who likes garde

11 ChatGPTの画面が表示されます。

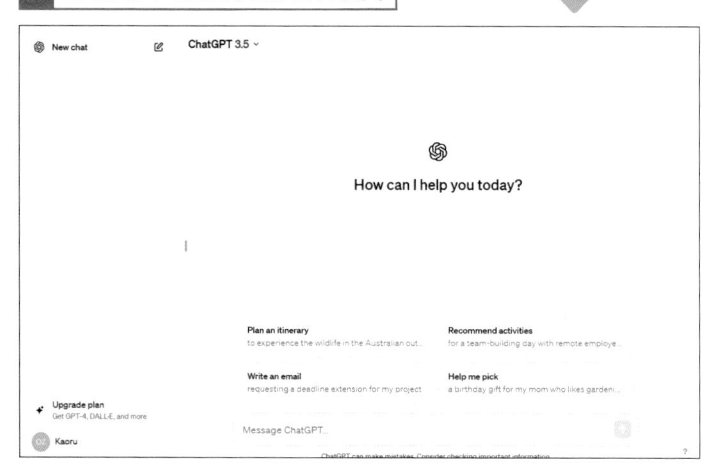

ヒント

ChatGPTにログインする

ChatGPTからログアウトしている場合は、作成したアカウントの情報を使用してログインし直す必要があります。28ページ手順**2**の画面で[Log in]をクリックし、登録したメールアドレスとパスワードを入力してログインしましょう。

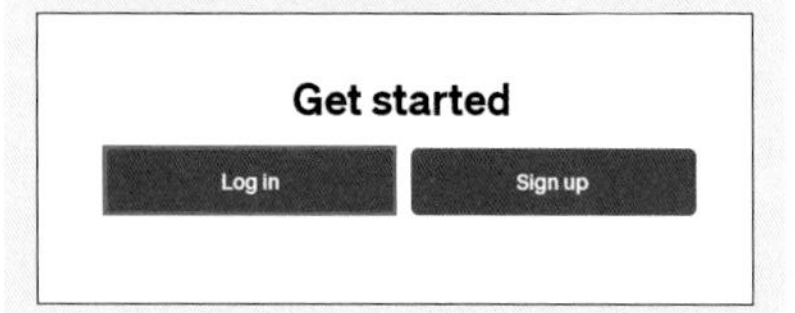

Section

10 ChatGPTの画面構成を確認しよう

ここで学ぶこと

- ChatGPT
- 画面構成
- 各部名称

ChatGPTの画面は基本的にはすべて英語表記となっていますが、構成は非常にシンプルで直感的に利用できます。ここでは、ChatGPTの画面の構成と各部の名称を説明します。

1 プロンプト入力前の画面

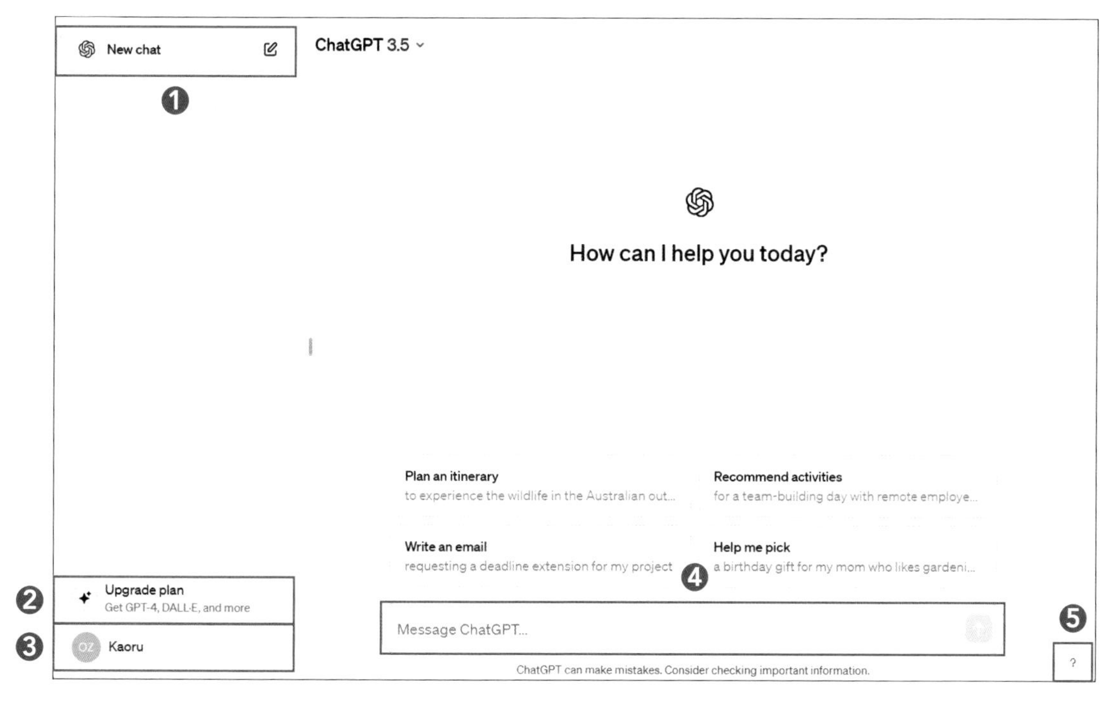

❶New chat	クリックするとホーム画面が表示され、新規チャットルームが作成されます。
❷Upgrade plan	クリックすると有料プラン「ChatGPT Plus」「ChatGPT Team」へのアップグレードができます(148ページ参照)。
❸アカウント	ログイン中のアカウント名が表示されます。クリックするとChatGPTのさまざまな設定ができます。
❹Message ChatGPT	プロンプト(質問文)を入力するフィールドです。クリックしてテキストを入力し、⬆をクリック、またはキーボードのEnterキーを押すと、入力したプロンプトが送信されます。
❺その他	クリックするとメニューが表示され、「ヘルプやよくある質問」「利用規約とポリシー」などを確認できます。

②プロンプト入力後の画面

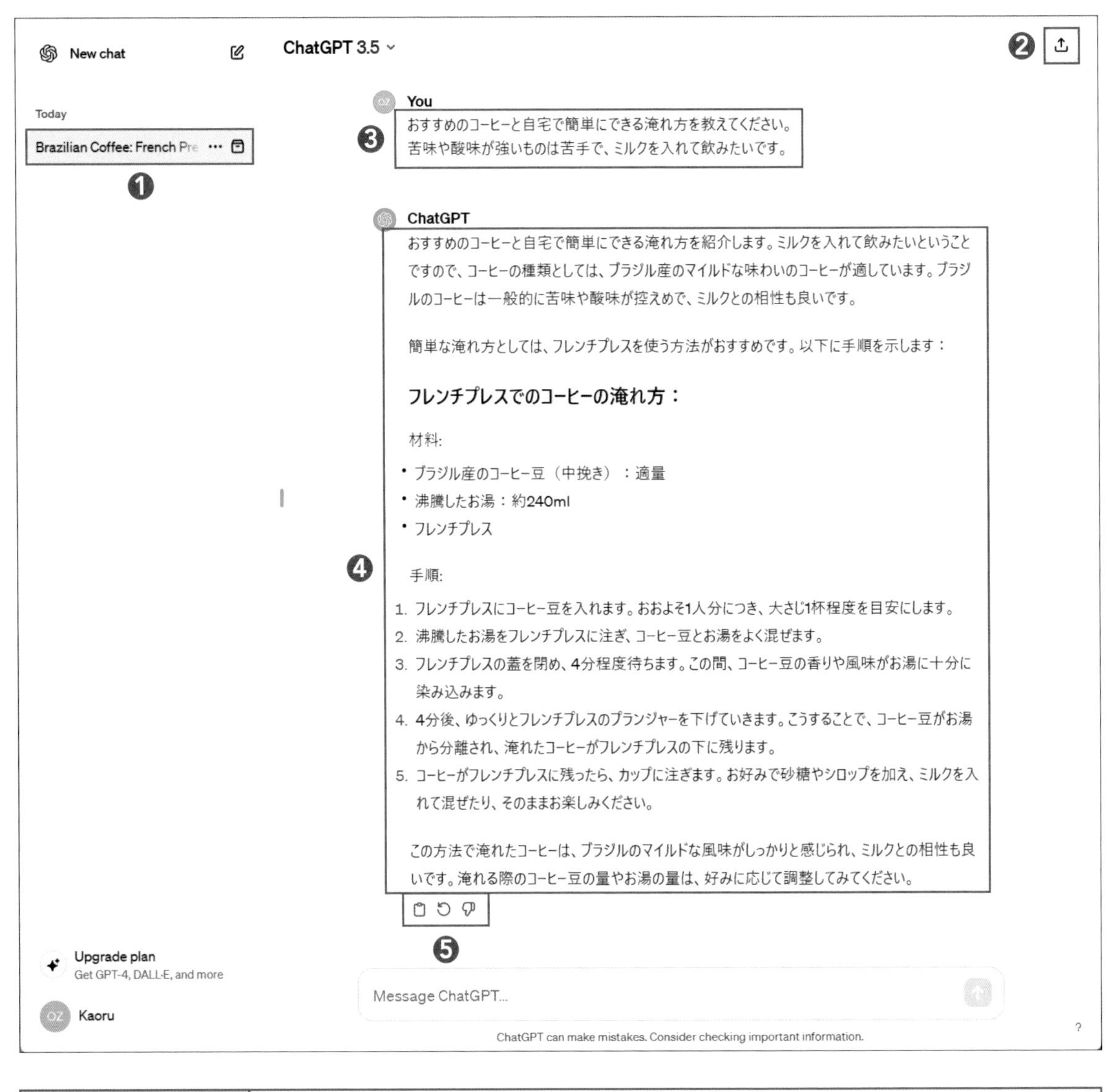

❶チャットの履歴	過去に会話したログがチャットルームとして保存されます。クリックすると、続きから利用できます。また…をクリックすると、共有、名前の変更、アーカイブ、削除の操作ができます。
❷共有	クリックするとURLでチャットの内容を共有できます。
❸プロンプト	送信したプロンプトが表示されます。マウスポインターを合わせて✎をクリックすると、入力した内容を編集できます。
❹回答	プロンプトに対して生成された回答が表示されます。
❺コピー／フィードバック／再生成	をクリックすると回答をコピーでき、をクリックすると回答を評価でき、をクリックすると回答を再生成できます。

第 **2** 章

ChatGPTで回答を上手く引き出す質問方法を学ぼう

Section

11 まずはシンプルにChatGPTとおしゃべりしてみよう

ここで学ぶこと

・プロンプトの送信
・回答の生成
・チャット

ホーム画面の入力フィールドにプロンプト(質問文)を入力して、ChatGPTとおしゃべりしてみましょう。プロンプトを入力すると、それに対する回答が生成され、チャット形式で表示されます。

1 プロンプトを入力して送信する

トップ画面を表示します。

for a team-building day with remote employees

Create a personal webpage for me
after asking me three questions

Message ChatGPT...

ChatGPT can make mistakes. Consider checking important information.

1 画面下部の[Message ChatGPT]をクリックし、

2 プロンプト(質問文)を入力して、

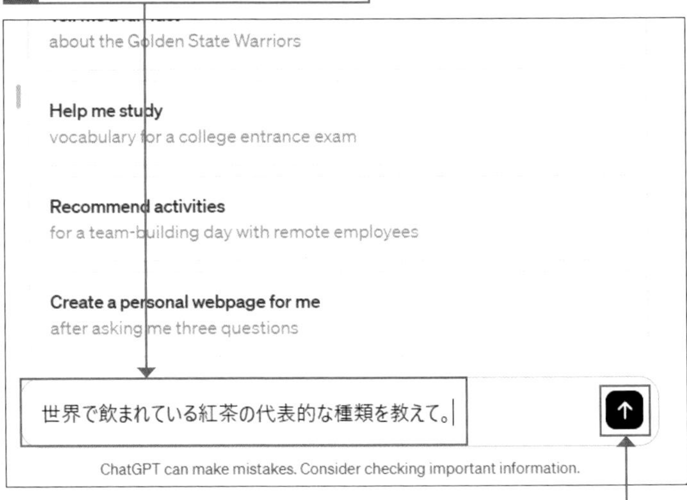
about the Golden State Warriors
Help me study
vocabulary for a college entrance exam
Recommend activities
for a team-building day with remote employees
Create a personal webpage for me
after asking me three questions
世界で飲まれている紅茶の代表的な種類を教えて。
ChatGPT can make mistakes. Consider checking important information.

3 ↑をクリックします。

ヒント

ChatGPTは聞き方が大事

ChatGPTは質問のしかたが重要です。同じことを聞くにも、聞き方次第では異なった回答がされることもあるため、工夫が必要です。40〜64ページを参考にして、求めている回答を引き出すようにしましょう。

ヒント

プロンプト内で改行する

プロンプト内で改行したい場合は、Shift キーを押しながら Enter キーを押します。

補足

Enter キーを押して プロンプトを送信する

手順3で↑をクリックするほかに、キーボードの Enter キーを押すことでもプロンプトを送信できます。

② 生成された回答を見る

回答の生成を止める

生成されている回答を止めたい場合は、◉をクリックします。止めたあと、再度生成してもらいたい場合は、入力フィールドに「続けて」と入力して送信すると、回答の続きが表示されます。

3. セイロン紅茶（Ceylon）：スリランカ（旧セイロン）で生産される茶葉で、さまざまな風味があります。軽いブレンドから濃厚なものまであります。
4. 中国紅茶（中国紅茶）：中国全土でさまざまな種類の紅茶が生産されています。代表的なものには、キーマン、リウバオ、ダーホンピン、そして
Message ChatGPT...
ChatGPT can make mistakes. Consider checking important information.

1 入力したプロンプトに対しての回答が生成されます。

You
世界で飲まれている紅茶の代表的な種類を教えて。
ChatGPT
世界中で様々な種類の紅茶が飲まれています。以下は、その中でも代表的な種類のいくつかです。
1. アッサム紅茶（Assam）：インドのアッサム地方で生産される紅茶で、濃厚でマルチな風味が特徴です。アッサム紅茶は通常、朝食用
製紅茶）、滇紅茶（Yunnan）などがあります。
5. アールグレイ: 通常、中国やインドの紅茶にベルガモットオレンジの香りが加えられたもので、フレーバーティーとして広く知られています。
これらはあくまで一部であり、紅茶の種類は非常に豊富です。地域や製法、茶葉の品種などが組み合わさり、様々な風味と特徴が生まれています。

▶ 回答の下（右）のアイコン

📋をクリックすると、回答をパソコンのクリップボードにコピーできます。

👍をクリックすると、OpenAIに回答がよかったとの評価をフィードバックできます。

茶で、豊かな風味とブライトな色合いが特徴です。力強い味わいがあり、アイスティーにもよく利用されます。
4. 中国紅茶: 中国では様々な地域で紅茶が生産されています。代表的なものには、祁門紅茶（Keemun）、lapsang souchong（燻製紅茶）、滇紅茶（Yunnan）などがあります。
5. アールグレイ: 通常、中国やインドの紅茶にベルガモットオレンジの香りが加えられたもので、フレーバーティーとして広く知られています。
これらはあくまで一部であり、紅茶の種類は非常に豊富です。地域や製法、茶葉の品種などが組み合わさり、様々な風味と特徴が生まれています。

👎をクリックすると、OpenAIに回答がイマイチだったとの評価をフィードバックできます。

🔄をクリックすると、回答が再生成されます（39ページ参照）。

Section

12 チャットの流れを楽しんで質問しよう

ここで学ぶこと

- チャットルーム
- プロンプトの修正
- Save&Submit

一度ChatGPTに質問すると、新規チャットルームが作成されます。同じチャットルーム内であれば、以前やり取りした会話の内容について、前提となる説明を省いて続きだけを質問しても、文脈を理解した回答が生成されます。

1 流れに沿って質問する

重要用語

チャットルーム

ChatGPTとやり取りをすると「チャットルーム」が作成され、履歴としてサイドバーに表示されます。チャットルーム内では、前提になる説明を省いて質問しても、内容が理解され、回答が生成されます。複数のトピックを行ったり来たりして質問したい場合は、チャットルームを切り替えて質問します（42～43ページ参照）。また、不要なチャットルームは非表示（アーカイブ）にしたり、削除したりすることができます（44～45ページ参照）。

1 質問内容に関連するプロンプトを入力し、

製法、茶葉の品種などが組み合わさり、様々な風味と特徴が生まれています。

日本ではどれが人気？

ChatGPT can make mistakes. Consider checking important information.

2 をクリックします。

3 流れに沿った回答が生成されます。

You
日本ではどれが人気？

ChatGPT
日本では、緑茶が一般的に最もポピュラーな茶の種類ですが、紅茶も一定の人気を誇っています。以下は、日本で人気のある紅茶や紅茶関連の飲み物です。

1. **紅茶（ブラックティー）**：一般的な紅茶も日本で親しまれています。朝食やアフタヌーンティーなど、特に西洋風の食事と一緒に楽しまれることが多いです。
2. **アールグレイ:** ベルガモットオレンジの香りが特徴のアールグレイは、洗練された味わいがあり、カフェや喫茶店で広く提供されています。
3. **アイスティー:** 特に夏季にはアイスティーが人気で、甘さを加えたものや

② プロンプトを修正して質問する

注意

修正したプロンプト以降の回答は見れなくなる

修正したプロンプトのあとにやり取りした内容は、見ることができなくなります。たとえば3つ前のプロンプトを修正した場合、2つ前と直前のやり取りは見れなくなります。

1 修正したいプロンプトにマウスポインターを合わせ、

You
日本ではどれが人気？

ChatGPT
日本では、緑茶が一般的に最もポピュラーな茶の種類ですが、紅茶も一定の人気を誇っています。以下は、日本で人気のある紅茶や紅茶関連の飲み物です。

2 表示される ✎ をクリックします。

3 プロンプトを修正し、

You
イギリスではどれが人気？

Save & Submit　Cancel

ChatGPT
日本では、緑茶が一般的に最もポピュラーな茶の種類ですが、紅茶も一定の人気を誇っています。以下は、日本で人気のある紅茶や紅茶関連の飲み物です。

4 [Save&Submit] をクリックすると、

5 修正したプロンプトに対しての回答が生成されます。

You
イギリスではどれが人気？
‹ 2/2 ›

ChatGPT
イギリスでは、様々な種類の紅茶が飲まれていますが、特にアッサム紅茶とダージリン紅茶が人気です。一般的には、アフタヌーンティーやハイティーと呼ばれる伝統的なティータイムで、アッサム紅茶がよく選ばれます。これはその濃厚で力強い味わいが、ミルクや砂糖との相性が良いためです。

また、ダージリン紅茶も上質な味わいであり、軽やかで花の香りが特徴的です。これは通常、アフタヌーンティーやイブニングティーに選ばれることがあります。

40～41ページを参考にして、プロンプトのクオリティを上げてみましょう。

Section 13

回答がエラーになったときは回答を再生成してスムーズに進めよう

ここで学ぶこと

- 回答のエラー
- 回答の再生成
- Continue generating

ChatGPTに複雑なプロンプトを何度も送信したり、長い回答が生成されたり、サーバーにアクセスが集中したりすると、回答の生成中にエラーになることがあります。回答の再生成を指示して、出力を試みましょう。

1 回答の生成を続けるように指示する

1 回答の生成中にエラーになり止まってしまった場合に[Continue generating]が表示されていたら、クリックします。

2 回答が再生成され、続きが表示されます。

風味が楽しまれています。

紅茶はその長い歴史を通じて、文化、経済、社会において大きな影響を与えてきました。今日では、世界中で愛される伝統的な飲み物として、人々の生活に根付いています。

Is this conversation helpful so far?  

Message ChatGPT...

ヒント [Continue generating]が表示されない

エラーになったにもかかわらず[Continue generating]が表示されない場合は、入力フィールドに「続けて」と入力して送信することでも、回答を再生成できます。

ヒント プロンプトの送信し過ぎに注意

短時間に大量のプロンプトを送信すると、回答の生成やプロンプトの送信ができなくなる場合があります。この場合は1時間ほど時間を空けることで、利用できるようになります。

2 別の回答を再生成してもらう

回答下部に表示される数字

再生成された回答の下部にある数字は、回答を再生成した回数です。何度か複数のパターンの回答を生成して、比較するときに利用します。

これらの紅茶は、イギリスのティーカルチャ
日常的に楽しまれています。

1 回答の下部にある をクリックすると、

進歩によって、手軽に楽しめるようになりました。現代では、アジアだけでなくアフリカや南アメリカでも紅茶が生産され、地域ごとに特徴的な風味が楽しまれています。

紅茶はその長い歴史を通じて、文化、経済、社会において大きな影響を与えてきました。今日では、世界中で愛される伝統的な飲み物として、人々の生活に根付いています。

Is this conversation helpful so far?

2 回答が再生成されます。

まとめ

紅茶の歴史は、古代中国から始まり、ヨーロッパや他の地域に広がってきました。中国の茶の文化や製法が基盤となり、イギリスを含むヨーロッパの国々で紅茶が広く愛されるようになりました。現代では、紅茶は世界中で楽しまれ、その豊かな風味や健康効果から、ますます人気が高まっています。

Is this conversation helpful so far?

3 ＜をクリックすると、

4 再生成する前の回答が表示され、見ることができます。

進歩によって、手軽に楽しめるようになりました。現代では、アジアだけでなくアフリカや南アメリカでも紅茶が生産され、地域ごとに特徴的な風味が楽しまれています。

紅茶はその長い歴史を通じて、文化、経済、社会において大きな影響を与えてきました。今日では、世界中で愛される伝統的な飲み物として、人々の生活に根付いています。

Is this conversation helpful so far?

Section

14 回答がイマイチだったら質問のしかたを変えてみよう

ここで学ぶこと

・プロンプト
・具体的で簡潔
・条件指定

ChatGPTに質問をしてみて、回答がイマイチだった場合は、プロンプトの内容を見直しましょう。同じ内容でも質問のしかたを変えることで、回答が変わり精度が上がることがあります。

① 具体的で簡潔に質問する

プロンプト内で提示する情報が整頓されていたり、明確だったりすると、ChatGPTは正確な回答が出しやすくなります。さらに回りくどい長文ではなく、すっきり簡潔な短文にまとめることでも、求めている回答が生成されやすくなるので、意識するようにしましょう。

1 具体的で簡潔なプロンプトを入力して送信します。

You
私は来月、TOEICの試験を初めて受験します。試験を受ける1か月前に必ずやっておくことがあれば教えてください。

ChatGPT
TOEICの試験に向けて準備をするのは素晴らしい決断です！以下は、試験を受ける1か月前に行うべきいくつかの重要なポイントです：

1. **模擬試験の受験:**
   * TOEICの模擬試験を受験して、試験の形式や時間制約に慣れましょう。
   * 受験後、間違えた問題を徹底的に分析し、理解しておくことで、

7. **健康管理:**
   * 試験当日に備えて、良い睡眠、バランスの取れた食事、適切な運動など、体調管理に気を付けましょう。

これらのポイントを意識的に取り組むことで、TOEICの試験に対する自信と準備が整うでしょう。頑張ってください！

補足

プロンプトに5W1Hを入れる

5W1Hとは、「When（いつ）」「Where（どこで）」「Who（だれが）」「What（何を）」「Why（なぜ）」「How（どのように）」の6つの要素の英単語の頭文字をとった言葉であり、要点をまとめて漏れのない情報伝達ができるフレームワークの1つです。プロンプトを入力する際には、この5W1Hを意識すると、過不足の少ない具体的な内容を入力しやすくなります。

ヒント

聞くことは1プロンプト1つにする

1つのプロンプトに、複数の質問が含まれていると、回答の精度は落ちがちです。プロンプトは1つにつき、1つの質問となるよう要点を絞って質問をしましょう。プロンプト内に複数の質問が入ってしまいそうな場合は、何個かに分けて質問をしたほうが回答の精度が上がります。

② 条件を指定する

やさしい内容で説明してもらう

ここでの解説のほかに、あまりにも難解なトピックには、「6歳の子どもでも理解できる文章で答えてください」のように指示することでも、子どもに向けたやさしい表現での回答が生成されるようになります。

フォーマットを指定して質問する

箇条書きのほかにも、マークダウン形式やリスト、テーブル(表組み)、テンプレートなどのフォーマットで生成してもらうと、回答の精度が上がります。

回答の条件を指定することで、精度の高い回答が生成されやすくなります。たとえば、難しい内容を理解したいときには、回答の文字数を指定したり、箇条書きにしてもらうよう指定したりすると、要点がまとまった回答が生成されます。

▶ 文字数を指定する

1 「200字程度の文章で回答してください」のように、文字数を指定したプロンプトを入力して送信します。

You

浅草の三社祭とはどのようなお祭りなのかを、200字程度の文章で回答してください。

ChatGPT

浅草の三社祭は、東京の浅草地区で毎年5月に行われる伝統豊かなお祭りです。浅草寺を中心に、三社（浅草寺、浅草神社、東京富岡八幡宮）の神輿が一堂に会し、賑やかなパレードが繰り広げられます。参加者や観光客は、伝統的な祭りの雰囲気を楽しみながら、神輿渡御や仮装行列など多彩な催しに興じます。このお祭りは、歴史と文化が融合した神聖な雰囲気と、地域コミュニティの結束を感じさせる特別なイベントとして知られています。

▶ 箇条書きに指定する

1 「箇条書きで回答してください」のように、文字数を指定したプロンプトを入力して送信します。

You

浅草の三社祭とはどのようなお祭りなのかを、箇条書きで回答してください。

ChatGPT

浅草の三社祭り（さんじゃまつり）は、浅草地区で行われる伝統的なお祭りであり、浅草寺を中心に三つの寺院が協力して開催されています。以下は、浅草の三社祭りの特徴を箇条書きで説明したものです：

1. **日程と期間：**
   - 通常、5月の第三土曜日から翌日曜日にかけて開催される。
   - 2日間にわたり、様々な行事や祭りが行われる。
2. **参加寺院：**
   - 浅草寺（せんそうじ）：浅草地区を代表する寺院で、三社祭

Section
15 新しいトピックを質問するときはチャットルームを切り替えよう

ここで学ぶこと
- チャットルーム
- 切り替え
- やり取り再開

これまでと別のトピックについて質問したい場合は、新規にチャットルームを作成してやり取りしましょう。なお、過去のやり取りに戻りたい場合は、サイドバーから該当するチャットルームを選択することで再開できます。

1 新規チャットルームを作成する

チャットルーム内でやり取りを続けていると、やり取りの内容を前提とした回答が生成されるため（36ページ参照）、別の話題にも関わらず過去のトピックでのやり取りが回答に反映されてしまいます。新しいチャットルームを作成することで、ゼロからやり取りをはじめることができます。

1 ［New chat］をクリックすると、

2 新規のチャットルームが作成されます。

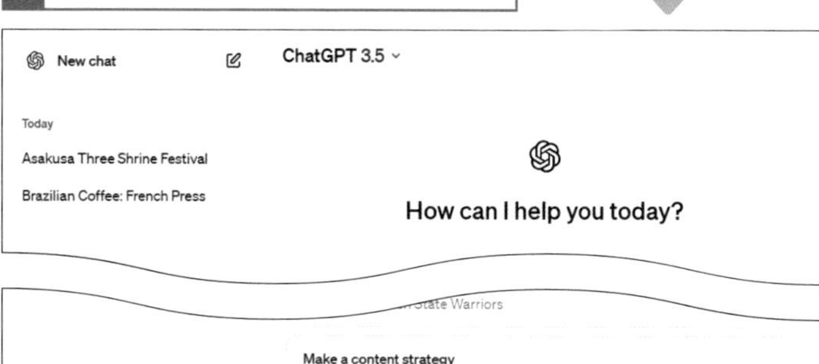

3 プロンプトを入力・送信して質問を開始します。

チャットルームをたくさん作成したら、44～45ページを参考にして利用しやすく整理しましょう。
Chat 01
Chat 02
hat 03
chat04

② 前のチャットルームのやり取りを再開する

⚠注意

学習機能をオフにするとチャットルームは表示されない

質問した内容をOpenAIにデータ活用されたくないとき、学習機能をオフにすることができますが（140～141ページ参照）、この状態のときはチャットの履歴が残らず、サイドバーには表示されません。なお、一度オフにしたあとに再びオンにすると、オフにする前のチャットルームが再表示されます。

過去にやり取りをしたチャットルームに戻って、やり取りを再開することができます。

1 画面左側に表示されているサイドバーの上部から、やり取りを再開したいチャットルームをクリックします。

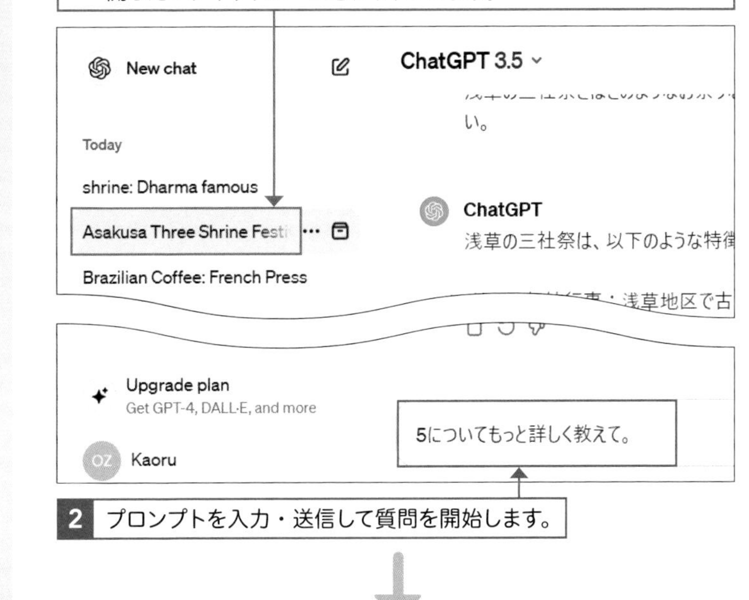

2 プロンプトを入力・送信して質問を開始します。

3 やり取りが再開され、前のやり取りの流れに沿った回答が生成されます。

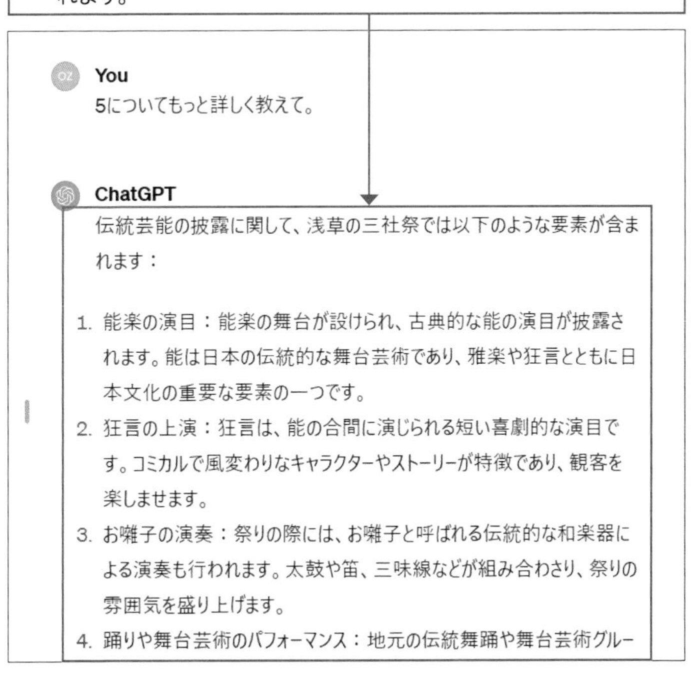

Section 16

たくさん質問したらチャットの履歴を整理しておこう

ここで学ぶこと

・アーカイブ
・リネーム
・削除

ChatGPTにたくさんの質問をしてやり取りしていると、チャットの履歴がどんどんと増えてしまいます。履歴を一旦アーカイブにしたり、名前を変更したり、削除したりして、使いやすく整理しましょう。

1 履歴をアーカイブする

重要用語

アーカイブ

本来アーカイブとは、公文書や保存記録といった意味を持ちますが、インターネットの分野では、一旦保存しておくことを指します。ChatGPTでは履歴をアーカイブすると、トップ画面のサイドバーでは非表示になります。ただし、削除はされておらず、あとから再表示させたり、完全に削除したりすることができます。

頻繁に利用しないけど、あとから確認したい履歴はアーカイブするのがおすすめです。

アーカイブする

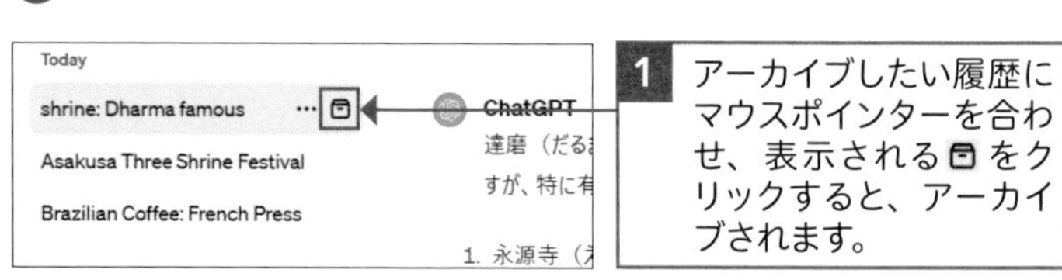

1 アーカイブしたい履歴にマウスポインターを合わせ、表示される をクリックすると、アーカイブされます。

アーカイブした履歴を再表示／削除する

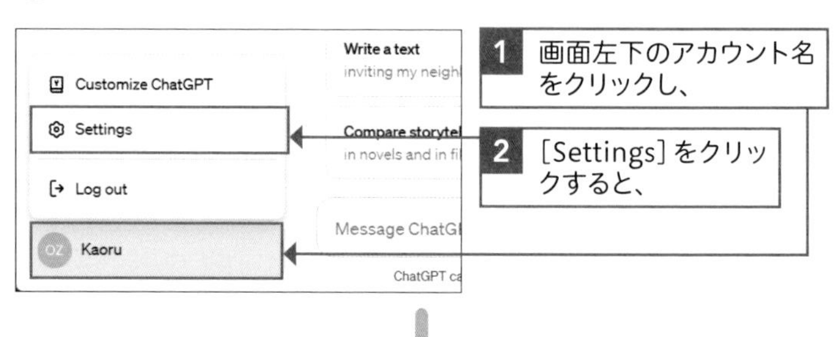

1 画面左下のアカウント名をクリックし、

2 [Settings]をクリックすると、

3 「Settings」画面が表示されます。「Archived chats」の[Manage]をクリックします。

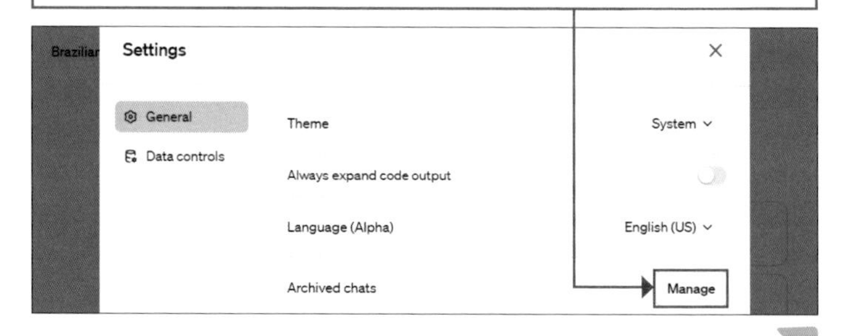

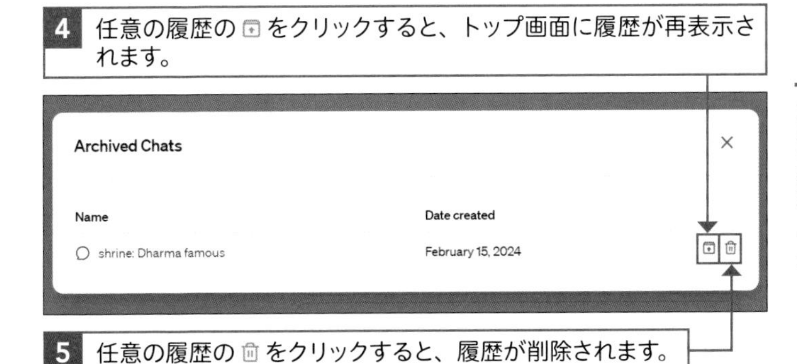

4 任意の履歴の をクリックすると、トップ画面に履歴が再表示されます。
Archived Chats
Name
Date created
shrine: Dharma famous
February 15, 2024
5 任意の履歴の をクリックすると、履歴が削除されます。

② 履歴をリネームする／削除する

注意

完全に削除される

履歴は削除すると、復旧することはできません。アーカイブした履歴の削除（上の手順5）も同様です。

リネームする

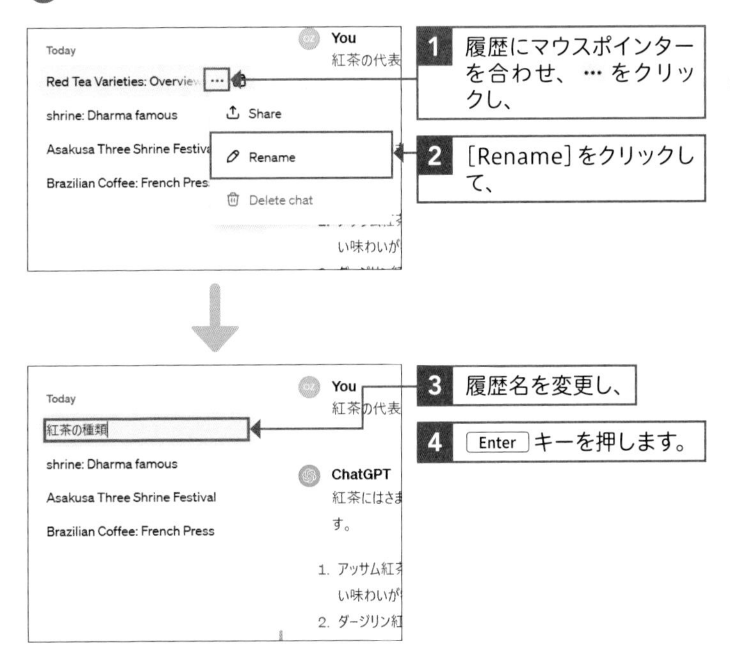

応用技

まとめて履歴を削除する

すべての履歴を一括で削除するには、44ページ手順3の画面で「Delete all chats」の[Delete all]をクリックし、[Confirm deletion]をクリックします。

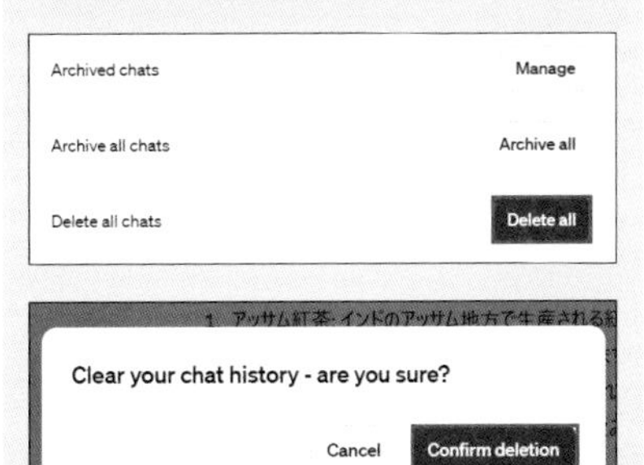

削除する

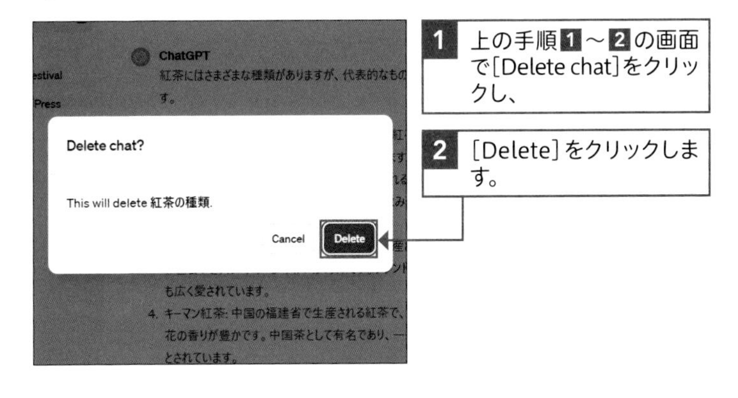

Section 17

ユニークな口調で おもしろい回答をしてもらおう

ここで学ぶこと

- 武士の口調
- ギャルの口調
- 方言

ChatGPTはプロンプトで回答の口調を指定することで、それに応じた生成をします。ChatGPTに慣れるためにも、さまざまな口調で答えてもらい、やり取りを楽しみましょう。

1 ユニークな口調で回答してもらう

ヒント

口調を指定して やり取りを続ける

ここでは口調を指定したうえで回答してもらっていますが、初めに「●●の口調で答えてください」と指定してからやり取りをすると、指定した口調で回答され続けます。口調を戻したくなったら「通常の口調に戻してください」と指示すると、もとの口調でやり取りがされます。また、途中から口調が勝手に戻ってしまったら、「引き続き●●の口調で回答を続けてください」と指示すると、再び指定した口調で回答されるようになります。

武士の口調で回答してもらう

1 プロンプトで「武士の口調で●●（ここでは「CPU」）について説明ください」と入力して送信すると、

You

武士の口調でCPUについて説明ください

ChatGPT

ふむ、我が知識によれば、CPU（中央処理装置）は、電子の戦場において我がシステムの指揮官であるぞ。その脳みそは、命令の解釈と演算の実行に優れた能力を有している。

この勇猛なる武将は、クロック周波数によって速さを示し、複数のコアを持つことで多くの任務に同時に取り組むことができる。キャッシュメモリはその戦術の一環で、迅速な情報の取り出しを可能とする。これにより、戦場においてもっとも効率的な戦略を展開できるぞ。

また、命令セットアーキテクチャにより、CPUはどのような命令を理解し、実行できるかを決定する。これは武士の武芸における秘技や技術に例えられる。

しかし、この武将もまた冷静なる頭脳が必要であり、散発的な過熱やエラーに対処する能力も重要だ。故に、冷却装置やエラー検出機能が整備されているぞ。

総じて言えることは、CPUは我がシステムの中で最も力強き将軍であり、計算や演算においては不可欠な存在であるという次第だ。

2 武士の口調で回答が生成されます。

正確ではない方言もある

方言によっては、精度が低い正確ではないものもあります。

方言で回答してもらう

1 プロンプトで「こてこての●●の方言で●●について説明ください」（ここでは「こてこての関西弁でCPUについて説明してください」）と入力して送信すると、

You

こてこての関西弁でCPUについて説明してください

ChatGPT

関西弁でCPUについて説明するでぇ。

ほんなら、CPU（センピュー）ってのは、コンピューターの頭脳やね。データを処理しとって、プログラムを実行するんや。ちゅうか、コンピューターの中でいろんな仕事をこなしてくれるんやで。

例えば、ウェブサイト見る時とか、ゲームやる時、それに動画を再生する時なんかも、CPUがバリバリ働いてるんや。4人家族やったら、それぞれのコンピューターでCPUがんばってるイメージやな。

まぁ、ちゃんと動くためには、CPUもちゃんと力仕事せなアカンねん。性能のいいCPUが入ったコンピューターは、速くてスムーズに動くでぇ。

2 指定した方言で回答が生成されます。

ギャルの口調で回答してもらう

1 プロンプトで「ギャルの口調で●●（ここでは「CPU」）について説明ください」と入力して送信すると、

You

ギャルの口調でCPUについて説明ください

ChatGPT

えー、やっぱりCPUってのは、コンピューターの頭脳みたいなもんだよね。超大事なパーツで、処理の中心とか言われてるっちゃー言われてる。まあ、ちょっとわかりにくいけど、簡単に言えば、データ処理のお仕事をするんだよ！

そのCPU、クロックって呼ばれる単位で速さが決まるんだけど、GHz（ギガヘルツ）ってやつで計られるんだよ。速ければ速いほど、タスクをサクサクこなせるってわけ。ゲームとか動画編集とか、ヘビーな作業が得意なのも速さのおかげだよ。

あと、コア数もポイントなんだよ。コアってのは、ざっくり言うと複数の脳が協力してタスクをこなす仕組み。4コア、8コアとか言われるでしょ？そ

2 ギャルの口調で回答が生成されます。

ここで紹介した武士やギャルのほかにも、酔っ払い、老人、政治家、お嬢様、柔道部員、ポップスターなどの口調でも回答されます。

Section

18 フォーマットを使い精度を高めて回答してもらおう

ここで学ぶこと

- 回答例を指定
- Few-Shot プロンプティング
- 回答の精度

プロンプトの中に情報や例、前提条件をフォーマット指定しておくことで、その内容をChatGPTに学習させることができ、情報や例、前提条件に基づいた精度の高い回答を生成してもらうことができます。

1 Q＆A形式で回答してもらう

重要用語

Zero-Shotプロンプティング

ここや50ページで紹介している情報や例、前提条件などを提示しないでストレートにChatGPTに質問、指示を行う手法を、Zero-Shotプロンプティングといいます。Zero-Shotプロンプトエンジニアリングについては、63ページでも解説しています。

プロンプト内で規則性のあるフォーマットを使って質問することで、精度の高い回答が生成されやすくなります。ここでは例として、規則性のある「Q&A形式」をプロンプトに使った質問を行います。まずは、Q&A形式を使わずに質問します。

Q&A形式を使わない場合

1 Q&A形式のフォーマットを使わず色の連想についてのプロンプトを入力すると、

You

トマトは赤、郵便ポストは赤、森は緑、パセリは緑。
では、キュウリは？

ChatGPT

キュウリは水を連想させることがあります。

2 想定していない精度の低い回答が生成されてしまいます。

Few-Shotプロンプティング

ここや51ページで紹介している、プロンプトの中に質問に対する回答例のフォーマットを提示し、回答を求める手法をFew-Shotプロンプティングといいます。Few-Shotプロンプトエンジニアリングについては、63ページでも解説しています。

Q&A形式を使った場合

48ページと同じ内容のプロンプトをQ&A形式のフォーマットを使って質問すると、ChatGPTは「A」へ焦点を当てやすくなるため、質問の理解度が高まり、精度が上がります。結果として求めているような回答を生成させることができます。

1 Q&A形式のフォーマット使って色の連想についてのプロンプトを入力すると、

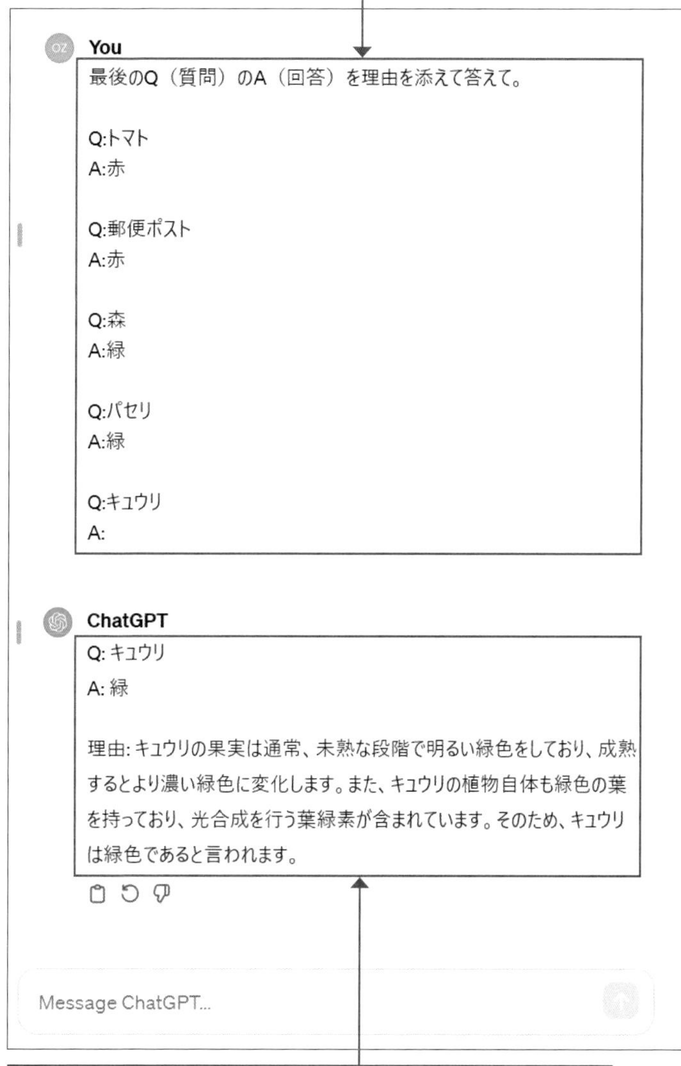

You
最後のQ（質問）のA（回答）を理由を添えて答えて。
Q:トマト
A:赤
Q:郵便ポスト
A:赤
Q:森
A:緑
Q:パセリ
A:緑
Q:キュウリ
A:
ChatGPT
Q: キュウリ
A: 緑
理由: キュウリの果実は通常、未熟な段階で明るい緑色をしており、成熟するとより濃い緑色に変化します。また、キュウリの植物自体も緑色の葉を持っており、光合成を行う葉緑素が含まれています。そのため、キュウリは緑色であると言われます。
Message ChatGPT...

2 Q&A形式のフォーマットに基づいた回答が生成されます。

② 例文を参考にして回答してもらう

例の提示方法はさまざま

この節で紹介している例文を入れるという例の提示方法以外にも、やり方はさまざまです。たとえば以下のような表記でも問題ありません。

日：Japan
中：China
米：America
仏：France
独：Germany

ChatGPTに例を伝えることができればよいので、指示ごとに適した例の提示を行いましょう。

ChatGPTにいくつかの例を提示することで、指示について改めて学習させて、回答を求めることができます。まずは、例文を入れずに質問します。

例文を入れない場合

例文を入れない場合は、ChatGPTが膨大なデータで事前学習した結果をもとに、「この質問をされた場合はこの回答を生成するのが正解だろう」と確率論的に回答を生成するため、入力のたびに内容やニュアンスが異なる回答が生成されがちになります。

1 例文を入れずに文章の作成についてのプロンプトを入力すると、

You
東京の夏をテーマにした文章を作成してください。

ChatGPT
夏の訪れとともに、東京は輝く季節の到来を告げます。日差しが強くなり、都会のビルが太陽の光を反射し、街は一層活気に満ちます。人々は薄着で街を歩き、公園や川岸で涼を求めます。緑豊かな公園では、子供たちが元気に遊び、家族や友人がピクニックを楽しんでいます。夏祭りの季節には、浴衣姿の若者たちが屋台の前でにぎやかに食事を楽しむ姿が見られます。夜になると、街はまばゆいイルミネーションで彩られ、屋台や店舗が賑わいます。

東京の夏は、花火大会の季節でもあります。美しい花火が打ち上げられ、夜空が色とりどりの光で飾られます。人々は友人や家族と一緒に、夏の夜空を見上げながら花火を楽しむのです。そして、夏の夜は涼しい風が吹き抜け、街は静かな美しさに包まれます。

しかし、夏の東京には梅雨や蒸し暑さもあります。そのような日は、室内の場所で涼を求める人々も多くなります。ショッピングモールや映画館、カフェなど、涼しい空間で過ごせる場所が人気を集めます。

東京の夏は、都会の喧騒と自然の美しさが融合した季節です。人々は日々の忙しさを忘れ、夏の楽しみを求めて街に集まります。東京の夏は、心に残る思い出を生み出し、人々に喜びと活力を与える特別な季節なのです。

Message ChatGPT...

2 想定していない精度の低い回答が出力されてしまいます。

応用技

Few-Shotプロンプティングよりも精度を上げたい場合

ここで紹介しているFew-Shotプロンプティングである程度精度を高めた回答を出力できていますが、さらに高めたい場合は、ChatGPTに段階的に考えさせて出力してもらう「Chain-of-Thoughtプロンプティング」で質問するのがおすすめです（64ページ参照）。

Few-Shotプロンプティングは、ChatGPTに新しい情報を学習をさせて、それをもとに回答を出してもらっていると言えます。

例文を入れる場合

50ページと同じ意図のプロンプトを例文を入れて質問すると、ChatGPTは例文を参考に回答を生成します。これにより、求めている回答に近いものが生成されるようになります。

1 例文を入れて文章の生成についてのプロンプトを入力すると、

You

例文1： 東京の夏は、湿度と気温が高く、最高気温が35℃以上の「猛暑日」となることが何度もあります。

例文2： 東京の夏は、隅田川花火大会や東京湾大華火祭、中目黒夏まつり、神田明神納涼祭り、大井どんたく夏まつり、阿佐谷七夕まつり等が風物詩です。

プロンプト： 東京の夏をテーマにした文章を作成してください。

ChatGPT

東京の夏は、蒸し暑い空気と共に訪れ、気温が35℃以上に達する「猛暑日」が頻繁に訪れる季節です。この時期、東京の街は活気に満ち、様々なイベントが繰り広げられます。隅田川花火大会や東京湾大華火祭、中目黒夏まつり、神田明神納涼祭り、大井どんたく夏まつり、そして阿佐谷七夕まつりなど、これらのイベントはまさに東京の夏の風物詩となっています。

暑さを忘れさせてくれるのは、色鮮やかな花火や、賑やかなお祭りの雰囲気。隅田川で打ち上げられる花火は夜空を彩り、東京湾では迫力満点の大華火が夏の夜を照らします。中目黒や神田では、地元の人々が集まり、夏の夜にふさわしい華やかなお祭りが開催されます。大井や阿佐谷では、伝統的なお祭りの雰囲気が感じられ、夏の風物詩が息づいています。

東京の夏は、暑さと共に訪れる楽しさと活気が特徴です。これらのイベントやお祭りは、人々が一堂に集まり、夏の夜を熱く彩ります。湿度が高い日々も、街全体が一つの大きなお祭りとなり、夏の思い出が生まれる季節と言えるでしょう。

Is this conversation helpful so far?

Message ChatGPT...

ChatGPT can make mistakes. Consider checking important information.

2 例文に基づいた文章が生成されます。

Section 19

記号を使ってChatGPTに指示や質問を明確に伝えよう

ここで学ぶこと

- 記号
- 明確な指示・質問
- 回答の精度

質問に引用符(")、パイプ(|)、カギ括弧(「」)、コロン(:)、波括弧({})などの記号を使って、条件を指定したり、内容を整理したりして指示を明確にすると、回答の精度が上がりやすくなります。

1 記号を使い明確に指示する

プロンプトで使う括弧以外の記号は必ず半角で入力します。

引用符で範囲を指定する

引用符(")で指示の範囲を指定して、質問します。

You
"内にある文章を要約してください。

"北海道の夏は、日本の他の地域とは一線を画す美しさと魅力に満ちています。この季節になると、北海道はまるで色とりどりの花の絨毯を敷き詰めたかのように、華やかに変貌します。広大なラベンダー畑が、紫の波のように広がり、その甘い香りが静かに風に乗って運ばれます。この時期、富良野や美瑛の丘陵地帯では、鮮やかな色彩のパッチワークが目を楽しませてくれます。
夏の北海道は、野生生物と自然の息吹に満ちています。知床半島では、ユーカリプトンの森が静寂を保…

…ろん、ジャガイモやトウモロコシ、メロンなど、土地の豊かさが育んだ旬の味覚が待っています。特に、ジンギスカンや海鮮丼は訪れた人々の心をつかみ、忘れがたい味わいを提供します。
北海道の夏は、広大な自然と穏やかな気候が織りなす、特別な時間です。日本の他の地域では味わえない、豊かな自然の中で過ごす一時は、訪れる人々にとってかけがえのない思い出となるでしょう。"

ChatGPT
北海道の夏は、美しい風景と豊かな自然が特徴です。ラベンダー畑の香りや美しい色彩の丘、野生動物の姿、海の生き物の群れなど、自然の息吹が感じられます。また、新鮮な海の幸や地元の食材を使った料理も楽しめます。北海道の夏は、他の地域では味わえない特別な体験が待っています。

表組みをコピー＆貼り付ける

生成された表組み部分をドラッグしてコピーして、Excelに貼り付けを行うことができます。

パイプで範囲を指定する

パイプ（|）で指示に表組みを入れて、質問します。

You

日本各地の動物にまつわる伝説を以下のように表組にまとめてください。

地方|動物|地域名|伝説の概要
東北| | |
関東| | |
信越| | |
東海| | |
近畿| | |
中国| | |
四国| | |
九州| | |

ChatGPT

以下は日本各地の動物にまつわる伝説の表組です。

地方	動物	地域名	伝説の概要
東北	きつね	青森県	白狐が人間の姿に変身して村人を惑わすという伝説があります。
関東	狸	埼玉県	狸が化けて人をからかったり、神社の境内に住むという伝説があります。
信越	猿	長野県	長野県の野尻湖周辺には「野尻の白猿」と呼ばれる猿の伝説があります。
東海	海龍	三重県	伊勢湾に伝わる海龍伝説があり、船を守る神として崇められています。
近畿	鯉	滋賀県	滋賀県の琵琶湖には、鯉が龍になるという伝説があり、神秘的な信仰の対象となっています。
中国	カッパ	島根県	島根県の松江市や隣接する地域には、川や湖に住むとされるカッパの伝説があります。
四国	かめ	高知県	高知県ではかめの伝説があり、かめが神として崇められています。
九州	鬼	熊本県	熊本県の阿蘇山には鬼の伝説があり、山中に住むとされる鬼を題材とした物語が伝承されています。

記号は多種多様

ここで紹介した記号がChatGPTで使えるすべての記号ではありません。また、同じ指定や記号でも、さまざまな使い方があります。

カギ括弧で範囲を指定する

言葉の意味が伝わるよう全角のカギ括弧(「」)で範囲を指定して、質問します。同じ文章のプロンプトでも、一部をカギ括弧で指定することで、意図が伝わりやすくなります。例えば「架空の動物の話を教えて。」と入力すると、架空の動物が登場する話が生成されますが、「架空の「動物の話」を教えて。」と入力すると、動物が登場する架空の話が生成されました。

カギ括弧で範囲を指定しない場合

You
架空の動物の話を教えて。

ChatGPT
もちろんです。以下は架空の動物に関する物語です：

昔々、遥か遠い国の森の奥深くに、美しい夢を見ることができると言われる不思議な動物が住んでいました。その動物は「夢獣（ゆめじゅう）」と呼ばれ、その名の通り、人々が眠っている間にやってきて、美しい夢を運んでくると信じられていました。

夢獣は月の光を浴びたクリスタルのような毛並みを持ち、羽ばたくときには星々が輝くような輝きを放ちました。その羽は空を泳ぐ鳥のように

カギ括弧で範囲を指定した場合

You
架空の「動物の話」を教えて。

ChatGPT
もちろんです！以下は架空の動物の話です：

タヌキの谷の物語

昔々、美しい山々に囲まれた谷がありました。この谷はタヌキたちが住む場所で、彼らは賢く、魔法の力を持っていました。谷の中心には大きな桜の木があり、その木の下にはタヌキたちの村が広がっていました。

ある日、谷には困難が訪れました。悪い魔法使いが谷に入り込み、

2 複数の記号を使い明確に指示する

指示や質問は長文にしない

長文のプロンプトで指示するよりも記号を使って内容を整理したプロンプトで指示をしたほうが、ChatGPTに指示の意図が明確に伝わりやすいため、精度の高い回答が生成されやすくなります。

プロンプト内を構造的にしたいときには、見出しの後ろにコロン (:) を付け、三重引用符 (""") で範囲を指定します。本文には選択肢や属性を波括弧 ({}) で囲み、項目の頭にハイフン (-) を付け、要素をスラッシュ (/) で区切り、強調したい箇所にはダブルアスタリスク (**) で囲んで質問します。ここでは、以上の記号を利用して記事のリード文の作成を依頼しています。

You

以下のテーマに関する記事のリード文を作成してください。

テーマ:"""
{朝食でコーヒーを飲む理由}
"""

ターゲット:"""
{
-30～40代の男女
-既婚/独身
-1日を効率よく働きたいサラリーマン
-1日クリエイティブに活動したいフリーランスのクリエイター
-家事をてきぱきこなしたい主婦
}
"""

条件:"""
-200字以内
-**ターゲットをストレートに表現しない**
"""

リード文:

ChatGPT

朝のひととき、香り高いコーヒーが我が日課となる。独身サラリーマンにとっては、1日のスタートを切るための強い味方。結婚生活を送る主婦にとっては、家事を効率よくこなすための秘策。また、フリーランスのクリエイターにとっては、アイディアの源として欠かせない存在だ。こうした異なるライフスタイルの中で、コーヒーが共通して選ばれる理由は、目覚めと活力をもたらす不可欠な儀式となっている。

Message ChatGPT...

ChatGPT can make mistakes. Consider checking important information.

Section

20 ChatGPTに役割を与えて役になりきって楽しく回答してもらおう

ここで学ぶこと

- 役割の視点
- 専門性のある質問
- アイデア出し

プロンプトでChatGPTに役割を与えることで、与えた役割が反映された回答が生成されるようになります。遊びでの利用以外にも、アイデア出しや、専門家ならではの視点による意見聴取などにも役立ちます。

1 ゴリラになりきってもらい回答してもらう

解説

口調を変えた回答との違い

46～47ページで紹介した口調を変えて回答してもらうこととの違いは、与えた役割からの視点が回答に反映されているということです。これにより、思いもよらない新しい気付きが得られることもあります。

1 プロンプトで「●●（ここでは「ゴリラ」）になりきってください。●●（ここでは「浅煎りのコーヒー」）を●●（ここでは「ゴリラ」）の視点で教えてください」と入力して送信すると、

You

ゴリラになりきってください。浅煎りのコーヒーの魅力をゴリラの視点で教えてください

ChatGPT

ウホッ、ゴリラだよ！コーヒー、美味しいね。浅煎りのコーヒーについて話すといいって聞いたことあるかな？

まず第一に、ウホッ、香りが最高なんだよ。浅煎りのコーヒーは、そのままのコーヒー豆の風味が感じられるんだ。香ばしくて、まるでジャングルの中で新鮮な果実を嗅ぐみたいな感じがするんだ。ゴリラだから嗅覚が発達しているから、それがとっても大事なんだよ。

次に、ウホッ、味の深さがあるんだ。浅煎りのコーヒーは、焙煎が軽いから豆の本来の風味が際立ってるんだ。まるでジャングルの果物を味わっているみたいで、そのコクと酸味がバランス良くて美味しいんだ。

それと、ウホッ、エネルギーをくれるんだ。コーヒーにはカフェインが入っているから、一杯飲むと元気が湧いてくる感じがするんだ。ジャングルで活動するゴリラにとっても、エネルギー補給は大事なんだよ。

まあ、ゴリラの視点から言うと、浅煎りのコーヒーはまさに自然の恵みって感じだね。ウホッ、みんなも一度試してみてくれるといいよ！

2 与えた役割が反映されて回答が生成されます。

② 専門家になりきってもらい回答してもらう

専門性のある質問に使う

特定の専門知識の範囲における質問をしたい場合は、「一流の経営コンサルタント」「一目置かれる著名な料理評論家」「世界一の動物博士」「一流の編集者」などのように役割を与えて質問すると、精度の高い回答が生成されやすくなります。

参考程度にとどめる

専門的な回答を得ることはできますが、あくまでも生成AIがプロンプトに対して確率論的に回答しているだけです。回答を鵜呑みにせず、それをもとに自分で調べていくことが大切です。

1 プロンプトで「あなたは●●（ここでは「一流の公認会計士」）です」と入力したあと、指示文を入力して送信すると、

You

あなたは一流の公認会計士です。ランチミーティング代の適切な仕訳方法を、新入社員でもよくわかるように解説してください。

ChatGPT

もちろんです。ランチミーティング代の適切な仕訳方法について解説します。

1. **経費のカテゴリーの選定:**
   ランチミーティング代は通常、経費の一部として取り扱います。具体的な経費のカテゴリーは企業によって異なることがありますが、一般的には「交際費」や「接待費」などが該当します。会社の経費規程や会計方針に基づいて適切なカテゴリーを選びましょう。
2. **領収書の取得:**
   ランチミーティング代金額に対する領収書を必ず取得しましょう。領収書には支払日、支払先、支払った商品やサービスの詳細が記載されている必要があります。
3. **仕訳の記載:**
   仕訳帳や会計ソフトウェアを使用して、ランチミーティング代の取り扱いを記載します。以下に一般的な仕訳例を示します。
   例えば、ランチミーティング代が1,000円だった場合：
   - 借方（Debit）：交際費（または接待費）1,000円
   - 貸方（Credit）：現金または銀行口座 1,000円
4. **詳細な記述:**
   仕訳には必ず詳細な記述を付けましょう。例えば、どのようなランチミーティングで支出があったのか、参加者や目的などを記載すると、将来の確認や監査時に便利です。
5. **経費の承認:**
   会社の経費規程に基づいて、経費が適切に承認されていることを確認してください。承認手続きがある場合は、それに従って経費の承認を取得しましょう。

これらのステップに従うことで、ランチミーティング代の適切な仕訳を行うことができます。新入社員の場合は、上司や経理担当者と協力して、企業の方針や手続きに慣れるようにしましょう。

2 与えた役割が反映されて回答が生成されます。

Section 21

逆にChatGPTに質問してもらおう

ここで学ぶこと

・逆質問
・プロンプトで確認
・質問を生成

漠然と知りたいことがある場合、どのような質問をすればよいか、ChatGPTに導いてもらいましょう。「私に質問してください」と指示することで、質問例を導き出し、やり取りを広げていきます。

1 質問があるか尋ねる

解説

ChatGPTにどの情報が必要か提示してもらう

具体的な情報を入力することで精度の高い回答が生成されやすくなりますが、必要とされる情報をどの程度入力すればよいかを予測するのは困難です。ここで紹介した逆質問をしてもらうという手法で質問することで、ChatGPTが必要としている情報が何であるのかを提示してもらるため、その点を補うことができます。

1 プロンプトを入力し、最後に「情報が必要な場合は、私に質問してください」と入力して送信すると、

You
起業したいです。情報が必要な場合は、私に質問してください。

ChatGPT
起業を考えていることは素晴らしいですね！起業にはさまざまな側面がありますが、まず最初に以下のいくつかの基本的な質問に答えることが重要です。

1. **どの業界や分野に興味がありますか？**
   - 自分が情熱を持っている分野で起業することは成功の鍵となります。
2. **どのような問題を解決したいと考えていますか？**
   - 起業の基盤となるアイディアやビジ……かどうかが重要

……市場動向を理解する……です。

6. **ビジネスプランやマーケティング戦略は考えていますか？**
   - 具体的なビジネスプランやマーケティング戦略を策定することで、方向性を見据えやすくなります。

これらの質問に答えることで、自分のビジョンや目標が明確になり、起業に向けた戦略を立てやすくなります。また、起業に関する具体的な情報やアドバイスが必要な場合は、随時質問してください。

2 ChatGPTが生成した回答内に、質問も提示されます。この質問をもとに、どんどんと深掘りしていくと、知りたい情報を得られやすくなります。

2 続けて質問だけをしてもらう

途中で質問をしなくなった場合

やり取りが続いていくと、途中で質問をしなくなったり、勝手に話をまとめられて終わらせられたりことがあります。その場合は、「引き続き質問だけを行ってください」と入力して送信すると、再び質問を繰り返し行うようになります。

応用技

専門家になりきって質問してもらう

専門的なテーマでやり取りをする場合は、57ページで紹介した専門家になりきってもらったうえで質問だけをしてもらいましょう。

58ページの手法とは別に、ただただChatGPTに質問をし続けてもらうということもできます。この手法を使うことで、漠然と知りたかったことが、徐々に具体性を帯びてくるようになります。

1 プロンプトを入力します。冒頭には「質問だけを行ってください」と入力して送信します。

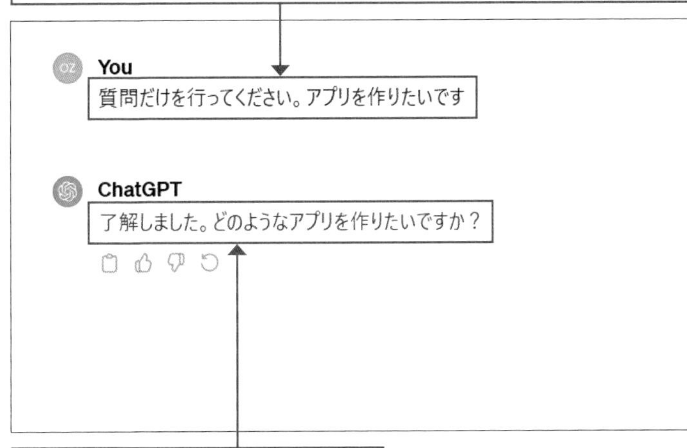

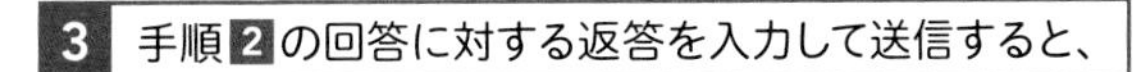

3 手順**2**の回答に対する返答を入力して送信すると、

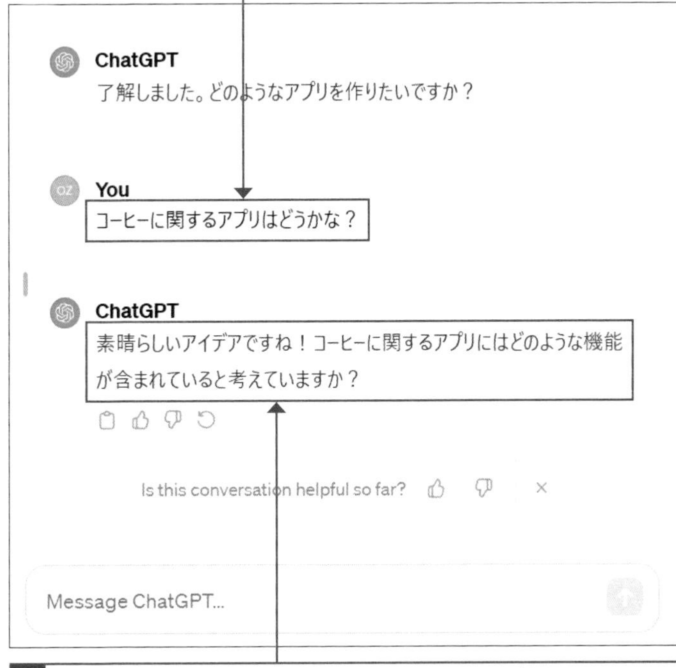

4 さらに回答で質問されます。このように質問に返答を返していくことで、知りたいことが具体的になります。

Section

22 英語で詳しい情報を持っていないか ChatGPTに確認してみよう

ここで学ぶこと

・プロンプト
・日本語
・ほかの言語

ChatGPTは、プロンプトの言語により、より適した回答が生成されるしくみとなっています。たとえば日本語と英語で同じ内容の質問を入力した場合、英語のほうが詳細な情報が生成されることもあります。

1 日本語で質問する

解説

精度を高めるには英語で質問

ChatGPTが事前学習(18ページ参照)を行った際に、利用されたテキストデータの多くの部分が、英語によるものといわれています。そのため、英語でプロンプトを入力すると、精度の高い回答が生成されやすいとされています。

補足

80か国以上の言語に対応

ChatGPTは英語以外にも、中国語、韓国語、フランス語、ドイツ語、スペイン語、ポルトガル語など、80か国以上の言語に対応しています。

1 日本語でプロンプトを入力して送信すると、

You
ヨーロッパノウサギについて教えて。

ChatGPT
ヨーロッパノウサギ(European Rabbit)は、ヨーロッパや周辺地域に広く分布するウサギの一種です。以下に、ヨーロッパノウサギに関するいくつかの特徴や情報をまとめます。

1. **外見**: ヨーロッパノウサギは、灰色や茶色の毛皮を持ち、白い尾と耳が特徴です。一般的には中型のウサギで、体長は40〜50cm程度になります。
2. **生息地**: 主にヨーロッパ大陸や地中海周辺、北アフリカに生息していますが、他の地域にも移入されています。

5. **生態系への影響**: ヨーロッパノウサギは、食物連鎖の中で重要な位置を占めていますが、移入地域では生態系への影響が問題視されることもあります。例えば、オーストラリアやニュージーランドなどでの移入により、現地の生態系に深刻な影響を与えています。
6. **文化的な影響**: ヨーロッパノウサギは、ヨーロッパの文化や民話、絵画などにしばしば登場し、一種の象徴として扱われることがあります。

総じて、ヨーロッパノウサギは広く見られるウサギの一種であり、その繁殖力や生態的影響などが注目されています。

2 ざっくりとした回答が生成されます。

② 英語で質問する

応用技
ChatGPTで翻訳する

プロンプトに「以下の文章を●●語に翻訳してください」と入力して翻訳したい文章を添えて送信すると、日本語を任意の言語に翻訳してもらうことができます。

ヒント
日本語のほうが精度が高い回答もある

日本の歴史や文化、作品、人物、団体、建造物などの質問をする場合は、日本語によるプロンプトを入力して送信したほうが、精度の高い回答が生成されます。

注意
自信がない場合は日本語で質問する

ChatGPTでの翻訳や、翻訳サイトなどを利用すればほかの言語でかんたんに質問することはできますが、長文などの場合は結果として誤りがあったり、本来の意図とずれたりしてしまうことがあります。その言語に自信のない場合は、長文などでは日本語で具体的に質問したほうが、精度の高い回答が得られるでしょう。

1 60ページのプロンプトを英語に翻訳し、入力して送信すると、

You
Tell me about the European hare.

ChatGPT
The European hare, scientifically known as Lepus europaeus, is a species of hare native to Europe and parts of Asia. It is one of the largest hare species and is widely distributed across various habitats including grasslands, meadows, farmlands, and woodlands.

Here are some key characteristics and facts about the European hare:

1. **Physical Description**: European hares have a slender, elongated body with long hind legs adapted for fast running, which helps them escape from predators. They have large eyes and ears, providing excellent vision and hearing, which are essential for detecting pr...

...one to three leverets (... hares) after a gestation period of around 42 days. Leverets are born fully furred with their eyes open and are capable of hopping within hours of birth.

6. **Conservation Status**: The European hare is listed as a species of "Least Concern" on the International Union for Conservation of Nature (IUCN) Red List, indicating that it is not currently facing significant threats to its survival on a global scale. However, in some regions, habitat loss, hunting, and agricultural intensification have led to local declines in hare populations.
7. **Cultural Significance**: European hares have been a part of human culture and folklore for centuries, featuring in various myths, stories, and artworks across Europe. They are also important game animals in many countries, being hunted for sport and for their meat.

Overall, the European hare is a fascinating and iconic species of mammal, playing important ecological roles in its native habitats while also holding cultural significance across its range.

2 日本語で質問したときよりも、詳細な回答が生成されます。

Section

23 よりよい回答を引き出す プロンプトエンジニアリングとは？

ここで学ぶこと

・プロンプトエンジニアリング
・4つの要素
・プロンプト例

プロンプトは4つの要素を意識して作成することで、望む回答が生成しやすくなります。また、プロンプトエンジニアリングの手法を参考に質問することでも、理想的な回答が得やすくなります。

1 プロンプトの要素を知る

重要用語

プロンプトエンジニアリングガイド

ここで紹介しているプロンプトの要素については、「プロンプトエンジニアリングガイド」に掲載されています。このガイドは海外の生成AIの研究コミュニティ「DAIR.AI」が作成した効果的なプロンプトの作成方法についてまとめられた資料で、日本語版も公開されています(https://www.promptingguide.ai/jp)。

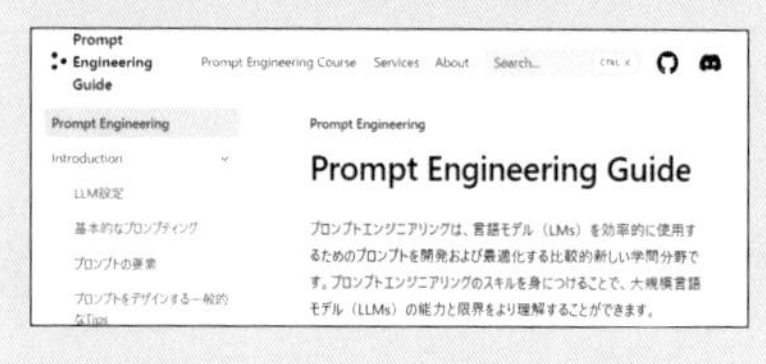

ChatGPTに生成してもらいたい理想の回答を求めるためには、適正なプロンプトを入力することが大切です。効果的なプロンプトを設計することを「プロンプトエンジニアリング」といい、目的別によりさまざまなプロンプトの手法の種類があります。まずは、プロンプトの構成要素を把握しておきましょう。
プロンプトの作成について解説している「プロンプトエンジニアリングガイド」によると、プロンプトには、以下の4つの要素のいずれかが含まれているとされています。

プロンプトの4つの要素

指示・命令（Instruction）
ChatGPTに実行してほしいタスク

背景・文脈（Context）
ChatGPTに考慮してもらいたい外部情報

入力（Input Data）
ChatGPTに答えてもらいたい質問

出力形式（Output Indicator）
ChatGPTに出力してほしい形式やフォーマット

この4つの要素を意識してプロンプトを作成すると、精度が高く、望ましい回答が生成されやすくなるとされています。次のページから解説します。
なお、プロンプトの要素は、4つすべてを含めるのが望ましいというわけではありません。望む回答によって、適宜含めるようにします。

プロンプトエンジニアリングの一例

解説
まずはZero-Shotプロンプティングで ChatGPTに慣れる

ChatGPTを使い始めるにあたり、まずはZero-Shotプロンプティングでどんどんと質問を投げかけてみて、どのような反応があるかを楽しむことから始めてみましょう。

Zero-Shot プロンプティング

情報や例、前提条件を提示しないでストレートに質問し、回答を求めるプロンプトです。かんたんに入力でき、膨大なデータで事前学習を行っている言語モデルのポテンシャルに期待できる手法ですが、質問のたびに回答が異なったり、質問が曖昧過ぎると精度を欠いた回答となるといったデメリットがあります。

山と言えば？

富士山

次の文章を「良い」「悪い」「普通」に分類して。
足を怪我した。

この文は「悪い」に分類されます。

解説
Few-Shotプロンプティングで うまく回答されない場合

具体的な情報や例、条件などを提示したにもかかわらず、回答がイマイチな場合は、段階的に考えてもらうChain-of-Thoughtプロンプティング（64ページ参照）で試してみましょう。

Few-Shot プロンプティング

プロンプトの中に情報や例、前提条件を提示して質問し、回答を求める49ページや51ページで紹介したプロンプトです。Zero-Shotプロンプティングよりも情報などを与えている分、精度の高い回答が生成されます。 Zero-Shotプロンプティングによる回答がイマイチな場合は、Few-Shotプロンプティングで質問してみましょう。

林檎→mela
蜜柑→arancia
檸檬→limone
葡萄→

uva

解説

そのまま逆さ読みを求めた場合

右のプロンプトのように回答の過程を提示しないで質問したところ、以下のように誤った回答が生成されました。

You
言葉を逆さまに読むことを「逆さ読み」と言います。
「しが」を逆さ読みすると
A.「がし」
「しまね」を逆さ読みすると
A.「ねまし」
「あおもり」を逆さ読みすると
A.「りもおあ」

「ほっかいどう」を逆さ読みすると
A.

ChatGPT
「うどういかっほ」

Chain-of-Thoughtプロンプティング

提示した情報をつなげて思考を連鎖させ、中間ステップを経させて、段階的に回答を求めるプロンプトです。CoTプロンプティング、思考連鎖プロンプティングとも呼ばれます。63ページのFew-Shotプロンプティングと組み合わせることで、より精度の高い生成が期待できます。

You
言葉を逆さまに読むことを「逆さ読み」と言います。
「しが」を逆さ読みすると
A.1番目「し」2番目「が」を逆さにすると、1番目「が」2番目「し」
解答は「がし」
「しまね」を逆さ読みすると
A.1番目「し」2番目「ま」3番目「ね」を逆さにすると、1番目「ね」2番目「ま」3番目「し」
解答は「ねまし」
「あおもり」を逆さ読みすると
A.1番目「あ」2番目「お」3番目「も」4番目「り」を逆さにすると、1番目「り」2番目「も」3番目「お」4番目「あ」
解答は「りもおあ」

「ほっかいどう」を逆さ読みすると
A.

ChatGPT
1番目「ほ」2番目「っ」3番目「か」4番目「い」5番目「ど」6番目「う」を逆さにすると、1番目「う」2番目「ど」3番目「い」4番目「か」5番目「っ」6番目「ほ」
解答は「うどいかっほ」

解説

シュンスケ式ゴール・シーク・プロンプト

シュンスケ式ゴール・シーク・プロンプトは、林駿甫氏（一般社団法人・生成AI活用普及協会協議員）によって考案されました。

シュンスケ式ゴール・シーク・プロンプト

シュンスケ式ゴール・シーク・プロンプトは、ChatGPTに次々と質問をしてもらい、最終的に望みの回答へと到達させる手法です。難易度が高いため本書では割愛しますが、興味のある方は考案者の動画（https://www.youtube.com/watch?v=QVqGiY9y0ZI ）を参照してください。

解説

深津式プロンプトシステム

深津式プロンプトシステムは、深津貴之氏（note株式会社CXO）によって考案されました。

深津式プロンプトシステム

深津式プロンプトシステムは、「役割を与える」「入力文をどう出力文にするか明確にする」「具体的な生成形式を指定する」「箇条書きで指示する」「マークアップ言語（#や{など）で要素を区別し、プロンプトの構造を明確にする」「生成の条件（文字数や難易度など）を明確に指定する」を行うことで、精度の高い回答の生成を求めるプロンプトです。

第 3 章

ChatGPTを使って仕事や創作の作業を効率化しよう

この章で学ぶこと

ChatGPTは作業効率を向上させるタスクが得意

ChatGPTの得意なタスク

ChatGPTが得意なことは、おもに「作業効率を向上させるタスク」と「品質を向上させるタスク」です。第3章では「作業効率を向上させるタスク」に着目し、「ビジネス」「クリエイティブ」「プライベート」の3つのシーンでのChatGPTの活用例を紹介します。以下の表に、ChatGPTが得意なことをまとめました。

ChatGPTが得意なこと

	作業効率の向上（第3章）	品質の向上（第4章）
作成	・箇条書きのメモを文章にまとめる ・メールのテンプレートを用意する ・自己PRの文章を作る ・タスク管理をしてGoogleカレンダーに取り込む ・フリマアプリに出品する商品の説明文を考える ・引越しのスケジュールを提案する ・旅行の持ち物リストを作成する	・文章の内容を変えずに文字数を増やす ・自分の作品のこだわりを文章にまとめる ・フィットネスメニューを作る
要約、添削、校正	・長文を要約する ・文章をわかりやすい表現に直す	・文章の誤字や脱字を修正する ・表記揺れを直す ・フィードバックを作成する ・SNSの炎上リスクを判定する
リサーチ	・業界の動向をリサーチする	
対話		・面接官になって面接練習の相手になる ・占い師になって運勢を占う
創作	・自分の人生を小説風にまとめる ・マンガのキャラクターの設定を作成する ・画像生成AIのプロンプトを作る	・物語の続きを書く ・既存のコーディネートに過去の流行を取り入れる ・複雑なパスワードを作る
アイデア	・料理の献立を考える ・効果的な昼寝のタイミングや方法を提案する	・オペレーションの改善点を考える ・商品のキャッチフレーズを再考する ・デザインの配色案を考える ・ブレインストーミングでアイデアを出す ・プレゼントの案を考える

ChatGPTで作業効率を向上させることができるタスクの例

ビジネスやクリエイティブなどの現場において、作業の効率化は非常に重要な課題です。ChatGPTは膨大な情報をすばやく処理し、必要な情報を的確に抽出して整理することができるため、作業を効率化させるためのツールとして活用されています。
第3章では、メールのテンプレートを用意するなどの「作成」のタスク、長文を要約するなどの「要約」「添削」のタスク、業界の動向を調査するなどの「リサーチ」のタスク、小説やキャラクターの設定を考えるなどの「創作」のタスク、献立を考えるなどの「アイデア」のタスクを紹介します。

タスクの例

作業効率の向上によるメリット

作業の効率を向上させることには、さまざまなメリットがあります。同じ量の作業をより短い時間で完了させることで、余った時間をほかのタスクに費やすことができます。また、同じ時間枠でより多くの作業をこなせるようになるため、成果やアウトプットが増加します。納期に追われるストレスやプレッシャーも軽減でき、精神面にも大きな影響を与えます。

作業効率を向上させることにはさまざまなメリットがある

Section

24 長文を記憶しながら要約してもらおう

活用シーンとできること

・ビジネス
・記憶
・要約

ChatGPTでは同一のチャットルーム内で行ったやり取りの内容が記憶されるため、数回に分けて送った内容でも、さかのぼって要約してもらうことができます。メモとしても安心して使えます。

1 長文を記憶しながら要約してもらう

ChatGPTではチャットルーム(42ページ参照)を切り替えない限り、やり取りした内容がすべて記憶された状態になっています。そのため、数回に分けて送った文章でも、「要約して」というプロンプトを送ると、やり取りをさかのぼって要約してくれます。

ChatGPT 3.5

You
以下の文章を記憶してください。
進化学は生物学の中でも特に重要な分野で、生物の種の起源と変遷を研究します。チャールズ・ダーウィンの「種の起源」は、進化学の基本的な概念を提唱した著名な著作です。

ChatGPT
了解しました。指示通り、文章を記憶しておきます。

You
細胞は生命の基本単位であり、細胞生物学は細胞の構造、機能、増殖、そして死に至る過程を研究します。細胞は生物学的な多様性の根本であり、生命の根幹を理解する上で鍵となる要素です。

ChatGPT
了解しました。ありがとうございます。

You
今までの文章を要約してください。

補足

長文を段落に分ける

長文を記憶させるには、文章全体を一度に入力するのではなく、段階的に分けてみましょう。たとえば段落ごとに分けると、より適切な要約を得やすくなります。

ほかのチャットルームでやり取りした内容は反映されません。チャットルームを切り替えないよう注意しましょう。

② 長文を理解するためにChatGPTを活用する

文章をわかりやすく理解するためには要約のほかにも、文章を分析してもらう、文章のポイントを書き出してもらうといった方法も有効です。68ページで送った長文について、「文章を分析して」「ポイントを書き出して」といったプロンプトを送ってみましょう。
また、「これまでの文章がテスト問題になるとしたらどう出題されると思う？」と質問すると、長文の中からテスト問題に採用されそうな箇所をピックアップしてくれるため、自己学習に役立てることもできます。

You
今までの文章を分析してください。

ChatGPT
提供された文章は、細胞と細胞生物学に関する基本的な情報を提供しています。細胞が生命の基本単位であり、細胞生物学がその構造や機能、増殖や死に至る過程を研究することを強調しています。また、細胞は生物学的な多様性の根本であり、生命の理解において不可欠な

You
今までの文章のポイントを書き出してください。

ChatGPT
提供された文章のポイントは以下の通りです：

1. 細胞は生命の基本単位である。
2. 細胞生物学は細胞の構造、機能、増殖、死に至る過程を研究する。
3. 細胞は生物学的な多様性の根本であり、生命の根幹を理解する上で

You
今までの文章がテスト問題に起用されるとしたら、どこが出題されると思いますか？

ChatGPT
この文章がテスト問題に起用される場合、主に次のような領域で出題される可能性があります：

1. 細胞の定義や役割に関する問題
2. 細胞生物学の基本的な概念に関する問題
3. 生物学的多様性とその根源である細胞に関する問題
4. 細胞の重要性やその理解の重要性に関する問題

補足

要約の文字数を指定する

「20文字以内で要約して」といったように文字数を指定することも可能です。

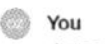

You
今までの文章を20字以内で要約してください。

ChatGPT
細胞は生命の基本単位であり、細胞生物学はその研究を行う。

補足

話題を変える

話題を切り替えたいときは、新規チャットルームを作成してそのチャットルームでプロンプトを送りましょう。チャットルームの切り替えについては、42ページを参照してください。

New chat

Today

Animal Legends Table

逆さ読みタイトル

Section
25 難しい内容の文章をわかりやすい表現に直してもらおう

活用シーンとできること

・ビジネス
・文体
・たとえ

学術論文など難しい単語が多い文章は、読むだけでも時間がかかってしまいます。概要を確認したいといった場合は、ChatGPTにわかりやすい表現に直してもらいましょう。

1 わかりやすい表現に直してもらう

学術論文や新聞の記事などは、専門性が高くなるほど使用されている単語が難しくなり、単語の意味を調べながらでは読むのに時間がかかってしまいます。
概要を知りたい、読む時間が足りないといった場合は、ChatGPTにわかりやすい表現に直してもらい併用することで、難しい内容の文章でも効率的に読むことができます。よりわかりやすくするためには、「○○学の初心者に解説するように」「文体を変えて」といった指示を加えることも有効です。

You
以下の文章をわかりやすく解説してください。
思うに無意識というものはフロイトが発見し、それ以後は当然のように我々の日常に深く浸透しているものである。しかしながら無意識の概念は、いわば大衆がコペルニクスの地動説やダーウィンの進化論が多くの知識人に反駁され、時間をかけてようやく人口に膾炙したように、多くの反論を受けずに済んだのだろうか。

ChatGPT
この文章は、無意識という概念が一般的に広く受け入れられるまでの過程を比喩的に説明しています。ここで挙げられたのは、フロイトが無意識を発見し、それが後の人々の考え方や行動に大きな影響を与えたという点です。しかし、無意識の概念が一般的に認められるまでには、コペルニクスの地動説やダーウィンの進化論のように、多くの反論や批判があった可能性があります。つまり、無意識の概念が普及するまでには時間がかかった可能性があり、それが何らかの反論や議論に晒されなかったか疑問視している点が示されています。

解説

文体とは

文体を指定することで、より文章はわかりやすい表現になります。たとえば、「ですます調にして」といった指示を与えると、柔らかい表現にすることができ、理解につながります。

② たとえを用いて解説してもらう

難しい文章を理解するために有効な手段として、たとえを用いることが挙げられます。ChatGPTでもたとえや比喩表現の生成、解説が行えます。よりわかりやすく解説してほしいときには「たとえを用いて解説して」といったプロンプトを送ってみましょう。難しい単語への解説がない場合は、単語の意味を追加で聞いてみるとより理解が深まります。

You

以下の文章をたとえを用いてわかりやすく解説してください。
思うに無意識というものはフロイトが発見し、それ以後は当然のように我々の日常に深く浸透しているものである。しかしながら無意識の概念は、いわば大衆がコペルニクスの地動説やダーウィンの進化論が多くの知識人に反駁され、時間をかけてようやく人口に膾炙したように、多くの反論を受けずに済んだのだろうか。

ChatGPT

この文章は、無意識の概念がフロイトによって提唱され、その後一般的に受け入れられるようになった経緯を比喩的に説明しています。

たとえを用いて解説しますと、

惑星の運行を説明する地動説や生物の進化を説明する進化論は、最初は受け入れられるのに時間がかかりました。それと同様に、無意識の概念も最初は多くの反論や疑問を受けました。しかし、時間が経つにつれて、地動説や進化論が科学の一部として広く認知されたように、無意識の概念も徐々に一般的に受け入れられるようになりました。

You

無意識とはなんですか？

ChatGPT

無意識とは、個人の意識の領域外にある心の活動やプロセスのことを指します。これは、個人が意識的に認識していない思考や感情、欲求などが含まれます。無意識は、人間の行動や感情に影響を与える要素でありながら、一般的には個人が自覚することが難しい場合があります。フロイトや心理学の分野では、無意識が人間の行動や精神状態に与える影響を理解しようとする研究の対象とされています。

特定の単語に焦点をあてて追加の質問をする

単語の解説をしてほしいときは、「〇〇はどういう意味？」といった追加の質問をしてみましょう。単語の解説に加え、文章の中での役割なども確認できます。

「小学生でもわかるようなやさしい表現に直して」と伝えると、レベル感を落とした文章に直してくれます。

Section
26 箇条書きのメモを文章にまとめてもらおう

活用シーンとできること

・ビジネス
・箇条書き
・メモ

箇条書きのメモと一緒に「文章にまとめて」といったプロンプトを送ると、メモが自然な文章にまとめられます。会議やミーティングの記録をまとめる際に役立ちます。

1 箇条書きのメモを文章にまとめてもらう

会議やミーティングでは話し合った内容を箇条書きなどメモの形で残すことが多いですが、会議のあとでメモから文章にまとめる際に手間がかかってしまいます。時間がないときは、ChatGPTに箇条書きのメモと一緒に「文章にまとめて」といったプロンプトを送りましょう。メモの内容が自然な文章となるため、会議内容を報告するときやミーティング内容を共有するときなどに活用できます。

You
以下のメモは、会議の内容を箇条書きにしたものです。
文章にまとめてください。

・開催日
2024年4月8日
・内容
前回の議事録の確認
前回の会議でのアクションアイテムと進捗の確認
今回の会議の目的と期待値の共有
プロジェクト進捗報告
チームメンバーの報告

ChatGPT
2024年4月8日に開催された会議の内容は以下の通りです。

会議では、まず前回の議事録を確認しました。その後、前回の会議で決定されたアクションアイテムの進捗状況を確認しました。その後、今回の会議の目的と期待値を共有し、プロジェクトの進捗状況について報告しました。最後に、各チームメンバーからの報告を行いました。

ヒント

よりわかりやすい文章にする

メモから文章にまとめてもらう際に、「〇〇という分野を中心に」「〇〇という単語の解説もあわせて」といった具体的な指示を送ることで、よりわかりやすい文章にできます。

② 文章を箇条書きにしてもらう

箇条書きにしてもらったあと

ChatGPTは同一のチャットルームでのやり取りが記憶されているため、一度「箇条書きにして」と送ると、そのあとのやり取りも箇条書きのままになることがあります。箇条書きをやめたい場合は、「文章で説明して」といったプロンプトを送る、新規チャットルームを作成する（42ページ参照）といった対応をしてください。

箇条書きを再度わかりやすい文章に組み立て直してもらうこともできます。

文章の内容が難しい、文章が長いといった場合は、箇条書きのほうが理解しやすいことがあります。わかりにくい文章がある場合は、その文章と一緒に「箇条書きにまとめて」といったプロンプトを送ります。また、ChatGPTに情報を出力してもらっている際にも文章が長いと感じた場合は、「箇条書きにして」といったプロンプトを送ることで、箇条書きにしたうえで情報を提供してもらうことができるようになります。

You
以下の文章を箇条書きにまとめてください。

前回の会議でのアクションアイテムと進捗が確認され、特に以下の点が強調されました。プロジェクトAの進捗において、課題1「制作費について」と課題2「人員配置」に関する解決策の検討が行われています。プロジェクトBの予算更新が完了し、新しい予算に基づいて作業が進行しています。

ChatGPT
会議でのアクションアイテムと進捗の確認に関する要点は以下の通りです:

- 前回の会議でのアクションアイテムと進捗が確認された。
- 特に、プロジェクトAの進捗に焦点が当てられた。
  - 課題1「制作費について」と課題2「人員配置」に関する解決策の検討が進行中。

You
会議に必要なものについて箇条書きでまとめてください。

ChatGPT
会議に必要なものは以下の通りです:

- 参加者リスト
- アジェンダまたは議題リスト
- 開催日時と場所
- 前回の議事録
- プロジェクトや議題に関する資料やデータ
- 議事進行のためのファシリテーターまたはモデレーター
- 議事録を取るためのノートやコンピューター
- 決定事項やアクションアイテムを追跡するための手段（例: タスク管理ツールなど）
- 必要に応じて、プレゼンテーション資料やビジュアルエイド

Section

27 さまざまなメールのテンプレートを用意しよう

活用シーンとできること

・ビジネス
・メール
・テンプレート

ビジネスシーンで何かと時間がかかってしまう作業に、メールの対応があります。この時間をChatGPTに任せてみましょう。メール対応に割いていた時間をほかの業務にあてることができます。

1 メールのテンプレートを作成してもらう

ビジネスシーンにおいて、メールの対応は避けて通れない業務です。1日に1時間以上はメールの確認や作成に時間を割いているといわれており、累計するととても多くの時間が費やされています。そこで、メールの対応にChatGPTを活用してみましょう。メールの内容や目的を伝えたうえで「テンプレートを作って」と指示すると、シーンに合ったメールのテンプレートを作ってもらうことができます。

状況に合わせて書き換えます。

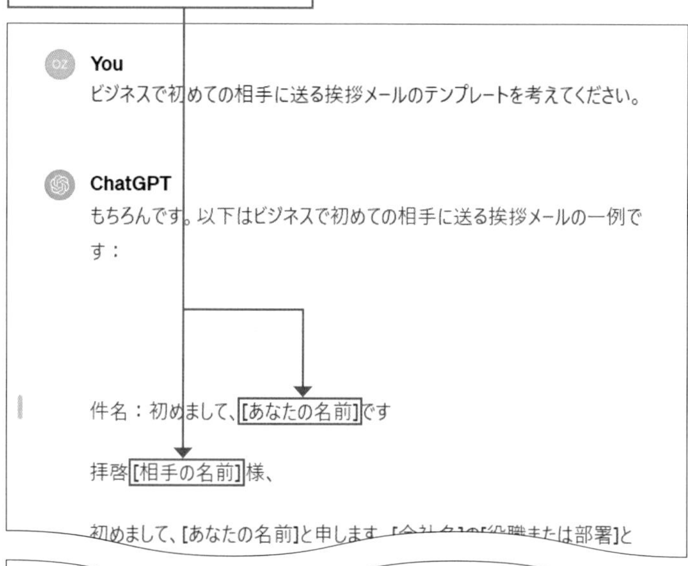

You
ビジネスで初めての相手に送る挨拶メールのテンプレートを考えてください。
ChatGPT
もちろんです。以下はビジネスで初めての相手に送る挨拶メールの一例です：
件名：初めまして、[あなたの名前]です
拝啓[相手の名前]様、
初めまして、[あなたの名前]と申します。[会社名]の[役職または部署]と

このような内容でメールを送ると、丁寧でビジネスライクな印象を与えることができます。

ヒント

さまざまなメールの内容や目的

メールの内容や目的もさまざまなものがあります。初めて連絡する相手へのあいさつ文、打ち合わせへのお礼文、年末年始のあいさつ文、謝罪文などです。メールの目的や相手に何を伝えたいのかを明確にすると、よりシーンにあったメールのテンプレートに近付きます。

ChatGPT
件名: 打ち合わせありがとうございました

ご担当者様、

先日は貴重なお時間をいただき、弊社との打ち合わせにご参加いただきありがとうございました。お会いできたこと、誠に嬉しく思います。

打ち合わせを通じて、貴社のビジョンやご要望について詳しくお聞きでき、大変有意義な時間となりました。また、今後の提携に向けての具体的なアイデアや戦略についても議論させていただき、大変感謝しております。

弊社では、打ち合わせで頂いた情報をしっかりと吟味し、貴社のニーズに最適なソリューションを提供できるよう努めて参ります。何かご不明点やご要望がございましたら、お気軽にお知らせください。

今後もより良いご提案やサポートをさせていただけるよう、努めてまいりますので、何卒よろしくお願い申し上げます。

ChatGPT
件名: 新年の挨拶とご挨拶

拝啓 [取引先の名前] 様、

新春を迎え、謹んでご挨拶申し上げます。本年も格別のご愛顧を賜り、誠にありがとうございます。

昨年は多くのご支援を賜り、大変感謝しております。取引先の皆様との信頼と協力により、私たちは素晴らしい年を過ごすことができました。

② メールの返信内容を考えてもらう

⚠注意

個人情報は送らない

ChatGPTに入力したプロンプトは学習データとして利用されることがあります。個人情報や機密情報は入力しないよう気を付けましょう(23ページ参照)。メールの返信を考えてほしい場合は、もとのメールの個人情報や機密情報の箇所を伏字にするなどして対応します。

メールの返信には、テンプレートでは解決できない臨機応変な対応が求められます。このような場合は、メールの内容をChatGPTに伝え、「このメールへの返信を考えて」といったプロンプトを送りましょう。また、もとのメールに対して、肯定的なのか否定的なのか、あいさつ文か謝罪文かといった、返信の内容についても指定することで、より精度の高いメールの本文が作成されます。

You
取引先との打ち合わせ後、以下のメールが届きました。
返信内容を考えてください。

お世話になっております。○○の○○でございます。
本日はお時間をいただき誠にありがとうございました。お会いできて大変嬉しかったです。
今回の打ち合わせを通じて、貴社のビジョンや目標について深く理解でき、大変有益でした。

ChatGPT
件名： 本日の打ち合わせに関する感謝のお礼

○○の○○様

お世話になっております。こちらこそ、本日は貴重なお時間をいただきまして、誠にありがとうございました。打ち合わせの機会を与えていただき、大変光栄に思っております。

You
取引先から以下のメールが届きました。
価格の調整をやんわりお断りする返信内容を考えてください。

お世話になっております。○○の○○でございます。
ご提出いただいた見積もりについて、私たちの予算やプロジェクトの状況を再度検討しました。
現在の状況を考慮しまして、少しだけ価格の調整が必要であると感じて

ChatGPT
件名: 価格調整に関するご要望について

○○の○○様

いつもお世話になっております。この度は、ご提案いただいた見積もりに関するご要望について、ありがとうございます。

お客様のプロジェクトの状況と予算について再度ご検討いただき、価格

メールへの明確な回答がある場合はその回答をプロンプトに添えて、「メールの本文を作って」と送りましょう。ていねいなメールの形に整えてくれます。

Section

28 履歴書に書く自己PRの文章を作ってもらおう

活用シーンとできること

・ビジネス
・履歴書
・自己PR

履歴書の作成において頭を悩ますのが、自己PRです。ChatGPTでは、自分の強みや持っている資格を伝えることで、それらを活かした自己PRを生成してくれます。完成した自己PRを送り、分析してもらうことも可能です。

1 自己PRを作ってもらう

より具体的な自己PRにする

自身の強みや資格以外にも、前職での業務内容や役職、副業などの活動がある場合はその実績など、PRにつながる要素をできるかぎり多く伝えることで、ChatGPTがより具体的な回答を生成できるようになります。

自身の強みやそのもととなった経験、業務に活かせるスキルなどをChatGPTに伝えることで、自己PRを作成してもらうことができます。自己分析に自信がない、アピールができないといった場合でも、とりあえず自分ができることや持っている資格を箇条書きにしてChatGPTに送ってみましょう。自己PRにつながる糸口が見つかるかもしれません。
また、志望する企業の業務内容や雰囲気を合わせて送ることで、その企業に合わせたより具体的な自己PRが生成されます。

You
私の強みやスキルをふまえた、履歴書の自己PRを考えてください。
私の強みは、目標達成への意欲が強いことです。
私のスキルは、実用英語技能検定1級と宅地建物取引士試験合格です。

ChatGPT
自己PRを以下のように考えてみました。目標達成への意欲が強く、実用英語技能検定1級と宅地建物取引士試験に合格した経験を活かし、課題に果敢に取り組み、成果を出すことに自信があります。

要でしたが、その過程で自己管理能力や忍耐力を養うことができました。さらに、これらの資格取得により、問題解決能力やコミュニケーション能力が向上しました。

私は常に新しいことを学び、成長し続けることを重視しています。チームでの協力やリーダーシップを発揮しながら、自らの能力を最大限に活かし、組織の目標達成に貢献したいと考えています。

② 志望動機や自己PRを分析してもらう

志望動機や自己PRが書けたら、ChatGPTに分析を依頼してみましょう。作成した文章とともに「分析して」や「アドバイスして」と指示すると、文章の構成や内容の分析、不足している要素の指摘といったアドバイスをしてもらえます。分析では文章の言い換えも確認できるので、分析をもとに志望動機や自己PRを書き換えることで、より表現の幅が広がった文章に仕上げることが可能です。
なお、ChatGPTに入力したプロンプトは学習データとして利用されることがあるため、個人情報や機密情報は入力しないよう気を付けましょう（23ページ参照）。

You
以下は私の自己PRです。
内容を分析し、アドバイスをお願いします。

私は自己研鑽への底抜けの意欲を活かし、これまで英会話をはじめ多くの言語を使った対話スキルを積み重ねてまいりました。
特に、海外からのお客様対応においては、自身の英会話スキルとボランティアでの経験を発揮し、売り上げに貢献してきました。
貴社の理念にあります「言語の壁を越えたよきパートナー」においても付加価値を提供できると確信しています。
自分の成長意欲と共に、貴社のビジョンと共感し、協力して発展していくことを楽しみにしています。

ChatGPT
あなたの自己PRは非常に魅力的で、多くのポジティブな要素が含まれています。以下は、内容の分析とアドバイスです：

1. **意欲とスキルの強調**: 自己研鑽への意欲や言語スキルの積み重ねが強調されています。これは素晴らしいポイントであり、特に貴社のような国際的な環境で重要な資質です。
2. **具体的な経験の例示**: 海外からのお客様対応での経験や英会話スキルの活用例が述べられています。……あなたが

……これは、貴社に対する真剣な関心と、自身のスキルや価値観がどのように適合するかを示しています。

4. **改善の余地**: さらに具体的な事例や成果、または具体的なスキルや経験の一覧を追加することで、自己PRをさらに強化できます。例えば、具体的なプロジェクトや成果物、リーダーシップ経験などを挙げることができます。

自己PRは非常に良く書かれていますが、さらに具体性を追加することで、さらなる説得力を持たせることができます。また、貴社のニーズや求めるスキルに焦点を当てたカスタマイズも有益です。

補足 学歴・職歴を作成してもらう

学歴や職歴を書く際、入学・卒業年度の計算が手間になります。そういったときは、ChatGPTにかんたんなプロフィールや経歴を送り、「履歴書の学歴・職歴を作成して」といったプロンプトを送ると、送った情報が学歴・職歴の書き方にまとめられたものが回答されます。

You
履歴書用に、私の学歴と職歴を西暦で作成してください。
私は平成27年3月にA高校を卒業しました。
その年の4月にB大学に入学し、4年で卒業をしています。
B大学1年から3年の間、花屋でアルバイトをしています。

ChatGPT
学歴：

- 2015年3月: A高校 卒業
- 2015年4月: B大学 入学
- 2019年3月: B大学 卒業

職歴：

- 2015年4月 - 2018年3月: 花屋でのアルバイト

個人情報はそのまま入力するのではなく、伏せ字にしたり仮の情報に置き換えたりしましょう。

Section

29 業界の大まかな動向をリサーチしてもらおう

活用シーンとできること

・ビジネス
・業界の動向
・リサーチ

就職活動や新規顧客獲得のための営業など、業界のリサーチが必要になる場面があります。そのときはChatGPTにリサーチを手伝ってもらうことができます。競合他社の比較など、プロンプト次第ではさまざまな視点からリサーチできます。

1 業界の動向をリサーチしてもらう

確認できるのは2021年9月までの情報

2024年2月時点では、GPT-3.5で参照できる情報は2021年9月までのものになります(21ページ参照)。最新の情報などはChatGPTで生成できないため、過去の動向を確認する目的で役立てましょう。

就職活動においては希望する職業や関連する業界について、新規顧客を獲得したい営業などにおいては競合相手についてその動向をリサーチする必要があります。ChatGPTではリサーチしたい業界を指定したうえで、「業界をリサーチして」というプロンプトを送ると、業界の動向を確認できます。

You
コンビニ業界について、2021年までの動向をリサーチしてください。

ChatGPT
2021年までのコンビニ業界の動向を概観すると、以下のような特徴が挙げられます。

1. **新型コロナウイルスの影響**: 新型コロナウイルスのパンデミックは、コンビニ業界にも大きな影響を与えました。需要の変化や消費者行動の変化に対応するため、多くのコンビニチェーンが対策を講じました。例えば、店

4. **競争の激化**: コンビニ業界は依然として競争が激しく、各チェーンが差別化を図るためにさまざまな施策を展開しています。商品のラインナップの充実、店舗の改装や新規出店、ロボットを活用したサービスの導入などがその一例です。
5. **サステナビリティへの取り組み**: 環境への配慮や社会的責任の観点から、コンビニ業界でもサステナビリティに関する取り組みが進んでいます。プラスチック削減やリサイクルの推進、フードロス削減などが注目されています。

以上が、2021年までのコンビニ業界の動向の一部です。

② 競合他社を比較してリサーチしてもらう

ChatGPTでは複数の企業名を挙げたうえで、「比較して分析して」といったプロンプトを送ることで、競合他社を比較したレポートを確認できます。競合している企業を比較することで業界の全体像をつかみやすくなります。

You

コンビニ業界の動向について、ローソン、セブンイレブン、ファミリーマートを比較して分析してください。

ChatGPT

コンビニエンスストア業界の動向を比較分析する際には、いくつかの要因を考慮する必要があります。これには財務面、戦略、サービス提供、社会的影響などが含まれます。以下では、日本の主要なコンビニエンスストアチェーンであるローソン、セブンイレブン、ファミリーマートを比較・分析します。

1. **財務面:**
   - 2020年以降、コロナウイルスの影響により、コンビニエンスストアの売上高は一般的に増加しています。特に、飲食店や外食産業の制約がある中、コンビニエンスストアは食料品や生活必需品の需要を満たす重要な役割を果たしています。
   - セブンイレブンは売上高で最も大きく、国内外での店舗展開が活発です。ファミリーマートも業績が好調であり、ローソンも着実な成長を遂げていますが、セブンイレブンに比べると規模は小さいです。
2. **戦略:**
   - セブンイレブンは、店舗数の拡大や新商品の開発など、積極的な成長戦略を展開しています。また、デジタル技術の導入や配送ネットワークの強化など、効率化を図っています。
   - ファミリーマートは、他のコンビニエンスストアとの提携や顧客向けのサービスの拡充に注力しています。一方、ローソンは新たな業態や店舗形態の開発に力を入れています。
3. **サービス提供:**
   - これらのコンビニエンスストアは、24時間営業や多様な商品ラインナップ、ATMサービスなど、顧客の利便性を高めるサービスを提供しています。また、最近では無人レジや自動精算機の導入など、テクノロジーを活用したサービスも増えています。
4. **社会的影響:**
   - コンビニエンスストアは地域社会において重要な役割を果たしており、地域経済に貢献しています。また、災害時には物資の供給拠点としても機能し、地域の安心・安全に寄与しています。

総じて言えば、これらのコンビニエンスストアチェーンはそれぞれ独自の戦略

ヒント

より詳細にリサーチするには

ChatGPTにより詳細にリサーチしてもらうためには、具体的な内容を指定します。例としては、「〇〇商品の売り上げに注目して」「30代の利用者に着目して」などが考えられます。

最新の情報を確認したい場合は、GPT-4（19ページ、26ページ参照）を活用しましょう。

Section

30 タスク管理をお願いして Googleカレンダーに取り込もう

活用シーンとできること

- ビジネス
- タスク管理
- Googleカレンダー

イベントの開催や学習計画などでタスク管理が必要になったときは、ChatGPTに依頼できます。完了したタスクを報告することで、いつでも第三者の視点から現状を確認できるようになります。

1 タスク管理を依頼する

イベント当日までのタスク管理がしたい、試験日までの学習計画のタスク管理がしたい、といった場合はChatGPTに依頼してみましょう。終わっていないタスクと完了したタスクが明確になり、タスクの消化に集中することができます。

You
展示会に参加します。
以下のタスクを2日に分けて整理してほしいです。
稼働時間は2日間とも9時から18時で、必ず1時間の休憩を入れてください。

ブースの最終準備：5時間
宣伝資料の準備：2時間
スタッフの準備：2時間
物流と在庫管理：2時間
最終調整：2時間
連絡調整：1時間

ChatGPT
展示会の準備を2日に分けてスケジュールすると以下のようになります：

Day 1:

- 9:00 - 10:00: ブースの最終準備 (1時間)

- 16:00 - 17:00: 展示会の運営
- 17:00 - 18:00: 展示会の終了

このスケジュールでは、2日間の準備と展示会の運営が整理されており、各タスクに1時間の休憩を挿入しています。

補足

完了したタスクを報告する

タスクが完了したら、ChatGPTに報告しましょう。事前に送った計画から次に取り掛かるべきタスクの提案を受けることができます。

You
1日目の以下のタスクが完了しました。

9:00 - 10:00: ブースの最終準備 (1時間)
10:00 - 11:00: ブースの最終準備 (続き) (1時間)
11:00 - 12:00: 宣伝資料の準備 (1時間)

ChatGPT
了解です。1日目の完了したタスクを除いた残りのタスクは以下の通りです：

- 12:00 - 13:00: 休憩 (1時間)
- 13:00 - 14:00: スタッフの準備 (1時間)
- 14:00 - 15:00: 物流と在庫管理 (1時間)
- 15:00 - 16:00: 最終調整 (1時間)
- 16:00 - 17:00: 最終調整 (続き) (1時間)
- 17:00 - 18:00: 連絡調整 (1時間)

これらのタスクが残っていますので、引き続き進行していきましょう。

② Googleカレンダーに取り込む

Googleカレンダーへの取り込み方法

ChatGPTで作成されたコードの［Copy code］をクリックし、「メモ帳」アプリなどに貼り付けて「.ics」や「.csv」の形式で保存します。Googleカレンダーの設定から［インポート／エクスポート］→［パソコンからファイルを選択］の順にクリックし、保存したファイルをインポートすると、Googleカレンダーにタスクが登録されます。

作成されたタスクに問題がなければ、いつでも確認できるようにGoogleカレンダーに取り込みましょう。Googleカレンダーに対応した形式でタスクを出力するよう指示すれば、インポート用のコードが作成されます。コードを保存し、Googleカレンダーにインポートすると、タスクが登録されます。

クリックしてコピーします。
You
このタスクをGoogleカレンダーに登録したいです。
Googleカレンダーのインポートに対応する形式で出力してください。
日付は2024年3月11日と2024年3月12日です。
ChatGPT
Googleカレンダーにインポートする形式でタスクを出力します。
makefile
Copy code
BEGIN:VCALENDAR
VERSION:2.0
BEGIN:VEVENT
DTSTART:20240312T090000
DTEND:20240312T100000
END:VEVENT
END:VCALENDAR
この形式のテキストをGoogleカレンダーにインポートすることで、タスクが自動的にスケジュールされます。

ヒント

iPhoneのカレンダーにも取り込める

「.ics」形式で保存したファイルをメールなどでiPhoneに送信し、iPhoneでそのファイルを開くと、「カレンダー」アプリにタスクを入力できます。

Section

31 自分の人生を小説風にまとめてもらおう

活用シーンとできること

・クリエイティブ
・小説
・著作権

ChatGPTはビジネスだけでなく、小説やマンガのプロット、レシピの作成など、クリエイティブな活用も可能です。ここでは、自分の人生をもとに小説を書いてもらいましょう。

1 自分の人生を小説風にまとめてもらう

自分の経歴を書き起こし、「小説風にまとめて」といったプロンプトとともにChatGPTに送ると、自分の人生が小説風にまとめられます。自分の人生を振り返りたいときはもちろん、創作活動のアイデア出しやイベントの出し物を作る際などで役立ちます。

You
以下は私の人生をまとめたものです。
これを小説風にまとめてください。

1994年6月-東京で誕生。
1998年2月-お好み焼きの美味しさに気付く。家族と一緒にお好み焼きを作ることが趣味になる。
2001年4月-小学校入学。学業だけでなく、サッカー部にも入部し、スポーツに興味を持つ。
2007年4月-中学校入学。学業とスポーツの両立に励み、友達との絆を深める。
2009年8月-家族と共に初めての海外旅行。異文化に触れ、言語を

……な章を迎える。国際関係学を……界の問題や文化の多様性について深く考えるようになる。

そして、2017年。大学を卒業し、新たなステージへと歩みを進める。国際協力の仕事に身を投じ、世界の平和と発展に貢献することを誓う。

2020年、彼は発展途上国での活動を通じて、人々との絆を深め、新たな友情を築いていく。彼の心は、世界の喜びと悲しみを共にし、成長していく。

そして、2024年の初め、彼は世界を旅しながら、多様な文化に触れる。その旅路の中で、彼は自らの内面を見つめ直し、人間関係の尊さを学んでいく。彼の旅はまだ続く。未知の地へと、彼の心は駆け抜けていく。

注意

個人情報の扱いに気を付ける

本名や学校名など個人情報は入力しないよう気を付けてください。ChatGPTに入力したプロンプトは学習データとして利用されることがあります(23ページ参照)。

まとめをもとに小説を作成してもらう

小説風にまとめてもらったら、次はそのまとめをもとに小説を生成してもらいましょう。主人公の名前や世界観など、小説に必要な要素も加えることが可能です。
また、変更したい箇所があれば、「〇〇という記述を〇〇に変更して」といったプロンプトを送ることで、自分の好みの物語にしていくことができます。

You
小説風のまとめをもとに小説を作成してください。
主人公の名前は「緒方かける」にしてください。

ChatGPT
タイトル:「旅立ちの風」

煌びやかな太陽が、1994年の東京の空を照らし、新たな命が誕生した。その名は、緒方かける。彼の人生は、まるで風のように自由奔放であり、世界を駆け巡る冒険の連続だった。

子どもの頃、かけるは家族と一緒にお好み焼きを作ることが大好きだった。そんな日々の中で、彼は家族の温かさと料理の楽しさを知り、自分

……友情と絆を深め、成長していく。

そして、初めての海外旅行が彼の人生に大きな影響を与えた。異国の風景に触れ、新たな言葉に耳を傾けることで、彼の心は世界への興味と好奇心で満たされていった。

高校生としての留学経験は、かけるの人生に新たな扉を開いた。アメリカでの生活は彼に多くのことを教え、世界の広さを感じさせた。

大学生として、かけるは国際関係学を専攻し、世界の問題や文化の多様性について学ぶことに没頭する。そして、卒業後は国際協力の仕事に身を投じ、世界の平和と発展に貢献することを誓った。

その後の数年間、かけるは世界各地を旅しながら、新たな友情や絆を築いていく。彼の心は、世界の喜びと悲しみを共にし、成長していった。

そして、2024年の初め、かけるは再び旅立つ準備をする。新たな地への冒険の中で、彼の心はさらに広がり、新たな可能性と出会いを求めていた。彼の旅はまだ続く。未知の地へと、彼の心は駆け抜けていく。

注意

著作権に注意する

ChatGPTで生成した小説が著作権を侵害している可能性はゼロではありません。トラブルを避けるためにも、生成した小説の一部をコピーして検索するなどし、著作権を侵害していないかを確認しましょう（23ページ、24ページ参照）。

クリエイティブな活動でも
ChatGPTは活躍します。

Section

32 マンガのキャラクターの設定を作成してもらおう

活用シーンとできること

・クリエイティブ
・キャラクター
・創作活動

マンガ制作などの創作活動にも、ChatGPTが活躍します。ここでは、マンガのキャラクター設定やストーリーを生成してもらう方法を解説しますが、キャラクターデザインの提案なども可能です。

1 キャラクターの設定を考えてもらう

キャラクターを構成する要素を伝える

ChatGPTでキャラクター設定を生成する際、名前や年齢のほかにも、口癖や決め台詞、家族関係、好きな食べものといった要素を追加すると、より詳細なキャラクター像になります。

SNSの発展により、誰でもマンガやイラストといった創作物を発表できるようになりました。特に拡散力のあるSNSの場合は、自作のマンガが話題になると書籍化やアニメ化などに発展する例もあります。誰でもマンガを作成できるからこそ、重要になるのはキャラクター設定やストーリーの独自性です。オリジナリティのある内容を作成したいときはChatGPTを活用してみましょう。制作したいマンガの世界観などと一緒に「キャラクター設定を考えて」といったプロンプトを送ることで、思いつかなかったアイデアを得られるかもしれません。

You
超能力を持った女子高生が世界を救うマンガを作成します。
高校生の設定を考えてください。

ChatGPT
もちろんです。以下は、超能力を持った女子高生が世界を救うマンガの設定の一例です。

タイトル:《蒼空のヒーロー：アルカナ・ガール》

設定:
主人公は、普通の女子高生である桜井 みゆき（さくらい みゆき）。
彼女はある日、突然超能力を覚醒させる。彼女の能力は他者の感情を読み取り、コントロールすることができる「エンパス」である。
しかし、彼女の超能力が明るみに出ると同時に、世界を支配しようとする悪の組織「ダークエンパイア」の存在も明らかになる。
みゆきは、仲間たちと共にダークエンパイアと戦う決意をする。

キャラクター:

2 ストーリーを考えてもらう

著作権に注意する

ChatGPTは著作権で保護されているものも学習しているため、生成したアイディアが著作権を侵害している可能性があることを否定できません。著作権の侵害といったトラブルを避けるために、生成した設定やストーリーが既存の作品と同じでないか確認しましょう（23ページ、24ページ参照）。

キャラクターの設定、ストーリーのほかにも、キャラクターデザインやストーリーの分析なども対応できます。

キャラクター設定が決まったら、ストーリーを考えてもらいましょう。ChatGPTでは、同一のチャットルーム内で行った以前のやり取りも生成結果に反映されるため、作成したキャラクター設定をそのままストーリーの生成に広げることが可能です。
ここでは、84ページで作成したキャラクターを使ったストーリーを作成します。なお、より詳細なストーリーにしたいときは、ChatGPTに追加の質問をするなどして、世界観を深めていきましょう。

You
桜井みゆきを主人公にしたストーリーを作成してください。

ChatGPT
もちろんです。以下は、桜井みゆきを主人公にしたストーリーの一例です。

タイトル:《エンパス・ガール：感情の絆》

ストーリー:
第1章: 覚醒
物語は、普通の女子高生である桜井 みゆき（さくらい みゆき）の日常から始まる。ある日、みゆきは突然、周囲の人々の感情を読み取る能力を覚醒させる。最初は戸惑いながらも、その能力を使って友人や家族の悩みを理解し、助けることに成功する。しかし、彼女はまだその能力を完全にコントロールできていない。

第2章: ダークエンパイアの脅威
やがて、みゆきは自分の能力が世界を揺るがす力であることを知る。同時に、世界を支配しようとする悪の組織「ダークエンパイア」の存在も明らかになる。ダークエンパイアのリーダーである闇のエンパスは、みゆきの能力を利用しようと企んでいる。

第3章: 仲間との絆
みゆきは、幼なじみの朝比奈 けいと（あさひな けいと）や、クラスメイトの藤原 あかね（ふじわら あかね）と共に、ダークエンパイアとの戦いに身を投じる決意をする。けいとは科学の知識を駆使し、みゆきの能力をサポートする。あかねは彼女たちの勇気と決意を後押しし、身体能力で戦いに参加する。

第4章: 感情の絆
みゆきと仲間たちは、ダークエンパイアの手先や邪悪なエンパスたちと対峙しながら、自らの能力と絆を強化していく。彼らは、感情の絆を築きながら、困難に立ち向かっていく。みゆきは自分の能力を受け入れ、コントロールし、最終的にはダークエンパイアを打ち倒すことに成功する。

Section

33 フリマアプリに出品する商品の説明文を考えてもらおう

活用シーンとできること

・クリエイティブ
・商品説明
・メッセージ対応

フリーマーケットアプリでは、商品説明が売り上げに大きく関わります。特に多くの商品を出品している場合は、商品説明をChatGPTに考えてもらうことで効率のアップにつなげられます。

1 フリマアプリの商品説明を考えてもらう

フリマアプリに商品を出品する際、売り上げに大きく関わるのが商品説明です。画像を見て興味を持ったお客さんの商品を購入する動機のあと押しになるため、商品説明はしっかりと記載する必要があります。しかし、出品数が多かったり、文章を考える時間がなかったりすると、商品説明の作成に手を回せず、結果的に売り上げに影響を及ぼしてしまいます。そういった場合はChatGPTに任せてみましょう。商品名と商品の状態、サイズなど必須の項目を伝えたうえで「フリマアプリで出品するための商品説明を考えて」といったプロンプトを送ると、効果的な商品説明が生成されます。

You
フリマアプリにスニーカーを出品します。
このスニーカーの商品説明を考えてください。

商品：オニツカタイガーのスニーカー
サイズ：25cm
状態：3回着用、目立つ汚れなし

ChatGPT
商品：オニツカタイガーのスニーカー
サイズ：25cm
状態：3回着用、目立つ汚れなし

このオニツカタイガーのスニーカーは、サイズ25cmで、3回着用されておりま

た、このオニツカタイガーのスニーカーは、おしゃれを楽しみながら快適な歩行をお求めの方に最適です。是非、この機会に手に入れて、日常のスタイルをアップデートしてみてください。

注意

正確な情報を記載する

フリマアプリの商品情報には、正確な情報を載せてください。特に、「商品が説明と異なる」というトラブルは多く、不利な情報を隠したり、不正確な情報を載せたりすることがトラブルにつながります。ChatGPTが生成した商品説明に事実と異なる内容がある場合は、必ず削除や編集をしてください。

ヒント

プロフィールを考えてもらう

フリマアプリでは、プロフィールの文章も取引相手に安心感を与える材料になります。自分の年齢(年代)や発送までにかかる時間、梱包方法などをChatGPTに伝えることで、プロフィールの文章を作成してもらうことができます。

2 取引相手へのメッセージを考えてもらう

トラブルへの対処

トラブルへの対処として、個人間で対応するほかにも、運営事業者に連絡するといった方法もあります。フリマアプリによって推奨される対処が異なることがあるので、アプリの記事やQ&Aを確認してください。

スムーズな対応で相手の満足度を上げ、よい評価を得られるようにしましょう。

フリマアプリで商品を売買するうえで必須となる作業に、取引相手とのメッセージのやり取りがあります。商品を購入した場合のあいさつや商品発送時の連絡、商品到着後のお礼などです。特に出品者は、商品が到着していない、商品が説明と異なるといったメッセージに対応する場面があります。
取引相手に安心してもらうためにも、迅速なメッセージ送信が望ましいですが、落ち着いて文章を作成できる状況でない場合はChatGPTに考えてもらうのも1つの手段です。取引の状況や相手に伝えたいことを箇条書きなどで伝え、メッセージの形にしてもらうことができます。

You
フリマアプリでスニーカーを出品し購入されました。
取引相手から「商品が届いていない」というメッセージが届いたのですが、
明後日到着予定であることを伝えたいです。
取引相手へ送るメッセージを考えてください。

ChatGPT
取引相手様へ、

ご連絡ありがとうございます。この度は私の出品したスニーカーをお買い上げいただき、誠にありがとうございます。

お手元に商品が届いていないとのこと、心配かけてしまい申し訳ございません。ご安心くださいませ、商品は現在出荷準備中で、明後日にはお手元に到着する予定です。発送後に追跡番号もお知らせいたしますの

You
フリマアプリでスニーカーを出品し購入されました。
取引相手から「イメージと違う」というメッセージが届いたのですが、商品の実物の写真もしっかりと載せており、イメージと違うという理由では対応できないことを伝えたいです。
取引相手へ送るメッセージを考えてください。

ChatGPT
取引相手様、

ご連絡ありがとうございます。この度は私の出品したスニーカーをお買い上げいただき、誠にありがとうございます。

お手元に商品が届き、イメージと違うとのご指摘をいただきましたが、商品ページには実物の写真をしっかりと掲載しており、その商品の実際の状

Section
34 画像生成AIのプロンプトジェネレーターになってもらおう

活用シーンとできること

・クリエイティブ
・画像生成AI
・プロンプトジェネレーター

画像生成AIでは、希望する画像を生成してもらうために英単語やカンマを用いた独自のプロンプトが必要になります。ChatGPTに画像生成AIのためのプロンプトを作成してもらいましょう。

1 画像生成AIのプロンプトジェネレーターになってもらう

画像生成AIでは、英単語やカンマを用いた独自のプロンプトが必要になります。英語が苦手な場合は、ChatGPTに「プロンプトジェネレーター」になってもらい、画像生成AIのためのプロンプトを作成してもらいましょう。プロンプトジェネレーターとは、ニーズに合わせて適切かつ詳細なプロンプトを生成するツールのことです。
たとえば、画像生成AIで「サンドイッチを片手に街を歩く女性」といった画像を生成してもらうときは、英単語とカンマを用いた「a woman, walking, through the city, with a sandwich in hand」といった独自のプロンプトが必要になります。表現が難しいイラストほど画像生成AI用のプロンプトの作成は困難になります。そのときにChatGPTを活用しましょう。生成したい画像を日本語で書き起こしたあと、ChatGPTに英語に翻訳してもらい、その結果をさらにプロンプトの形に直してもらいます。

You
次の英語を英語に翻訳してください。
筆を持った宇宙飛行士が空を飛んでいる

ChatGPT
"Astronaut with a pen is flying in the sky."

You
英単語をカンマで区切ってください。

ChatGPT
"Astronaut, with, a, pen, is, flying, in, the, sky."

補足
余分なカンマや単語は削除する

ChatGPTで生成したプロンプトでの画像生成がうまくいかないときは、余分なカンマや単語がある可能性があります。プロンプトを確認し、不要なカンマや単語を削除してください。

② プロンプトを分析してもらう

ChatGPTに英語のプロンプトを作成してもらっても、それが作成したい画像の表現を的確に指示できているとは限りません。画像生成をする前に、作成したプロンプトの分析をしてみましょう。難しい英単語が羅列されている場合、1つ1つの英単語を翻訳して文法を確認するとなると、分析にも時間がかかってしまいます。ChatGPTでは、プロンプトと一緒に「プロンプトを分析して」といった指示を送ることで、英単語の意味などを一度にすべて確認できます。
また、プロンプトへのアドバイスも聞くことができます。画像生成がうまくいかないときはChatGPTに改善策を聞いてみましょう。

You
次の文章は生成AIに送るプロンプトです。
プロンプトを分析してください。

a woman,walking,through the city,with a sandwich in hand

ChatGPT
このプロンプトは、"a woman, walking, through the city, with a sandwich in hand"（都市を歩く女性が手にサンドイッチを持って歩いている）というシーンを記述しています。主要な要素は以下のとおりです：

1. 主体: 女性
2. 行動: 歩く
3. 場所: 都市

You
サンドイッチの描写を詳細にするためにはどうしたらよいですか？

ChatGPT
サンドイッチの描写を詳細にするためには、以下の方法が役立つでしょう：

1. 外観: サンドイッチの外見や構造について詳細に説明します。例えば、パンの種類、具材の種類や配置、サイズなどを記述します。
2. 香り: サンドイッチから漂ってくる香りを描写します。例えば、焼きたてのパンの香りやフレッシュな野菜の香りなどを説明します。
3. 味: サンドイッチの味わいについて表現します。例えば、具材の組み合わせや調味料の効果、口に含んだときの感覚などを述べます。
4. 手触り: サンドイッチを手に取ったときの感触を描写します。例えば、ふわ

ヒント

プロンプトガイドを確認する

画像生成AIの公式サイトなどに、プロンプトの書き方などを示したプロンプトガイドが公開されていることがあります。ChatGPTにプロンプトジェネレーターになってもらう際、ChatGPTに正確に指示するためにも確認してみるとよいでしょう。

補足

画像生成の結果

画像生成AI「Image Creator」にChatGPTで作成した英語のプロンプトを入力した結果は、以下の通りです。

Section

35 料理の献立を考えてもらっておいしい食事を楽しもう

活用シーンとできること

・プライベート
・献立
・レシピ

献立決めは料理をするうえで避けられない工程ですが、ストレスを感じることが多いのも事実です。冷蔵庫の中にある食材や栄養価への心配もあわせてChatGPTに伝えて、数日分の献立を考えてもらいましょう。

1 食材を指定して献立を考えてもらう

料理をするうえで避けられない工程に、献立決めがあります。料理よりもストレスを感じるという人も多いこの作業ですが、ChatGPTに任せてしまうというのも1つの手段です。ChatGPTでは、冷蔵庫の中にある食材や使用したい食材を指定することで、その食材を活用した献立を考えてもらうことができます。

You
冷蔵庫に、玉ねぎ、大根、ネギ、豚こま切れ肉があります。
これらの食材を使った献立を考えてください。

ChatGPT
冷蔵庫にある食材を使って、美味しい献立を考えますね。以下はその一例です：

メニュー: 豚肉と大根の煮物、玉ねぎとネギのサラダ、ご飯

豚肉と大根の煮物

- 豚こま切れ肉: 400g
- 大根: 1本
- 玉ねぎ: 1個
- 醤油: 大さじ3
- みりん: 大さじ2
- 砂糖: 大さじ1
- だし: 400ml

1. 大根を厚めの輪切りにし、玉ねぎを薄切りにします。
2. 鍋にだし、醤油、みりん、砂糖を入れて火にかけ、沸騰させます。
3. 豚肉と大根を加え、中火で煮ます。

補足

レシピを教えてもらう

ChatGPTが考えた献立の中から作りたいものがあったら、次はそのレシピを教えてもらいましょう。「○○のレシピを教えて」などと追加の質問をすることで材料や手順を確認できます。

You
玉ねぎと豚肉の照り焼き丼のレシピを教えてください。

ChatGPT
玉ねぎと豚肉の照り焼き丼のレシピをお伝えしますね。以下がそのレシピです：

材料:

- 豚肉 (薄切り) 200g
- 玉ねぎ 2個
- しょうゆ 大さじ2
- みりん 大さじ2
- 砂糖 大さじ1
- 酒 大さじ1
- ご飯
- 青ねぎ (みじん切り) お好みで

② 1週間の献立を考えてもらう

ほしい栄養価を伝える

「栄養バランスのとれた献立を考えて」というプロンプトも有効ですが、具体的な摂りたい栄養素がある場合はChatGPTに伝えてみましょう。その栄養素を取り入れた献立を提案してくれます。

「糖質制限」や「塩分少なめ」といった条件にも対応してくれます。

ChatGPTに1週間の献立をまとめて考えてもらいましょう。食材の指定のほかにも、摂りたい栄養を伝えることで栄養価への不安も解消できます。1週間と伝えると、月曜日から日曜日の3食の献立になりますが、自身の生活スタイルに合わせて「1か月の献立を考えて」や「夕食だけ考えて」といったように質問を変えてみましょう。

You
一週間の献立を考えてください。
特に、たんぱく質が摂れるような食事が理想です。

ChatGPT
もちろんです。以下は一週間の献立例です。たんぱく質を豊富に含む食事を取り入れています。

月曜日

- 朝食: スクランブルエッグ、トースト、フルーツサラダ
- 昼食: 鶏の胸肉サラダ
- 夕食: グリルしたサーモン、蒸した野菜、玄米

火曜日

- 朝食: ギリシャヨーグルトにフルーツとナッツを添えて
- 昼食: ターキーサンドイッチ（トルコ風）、サラダ
- 夕食: チキンカレー、玄米

水曜日

- 朝食: オートミールにプロテインパウダーを混ぜたもの、フルーツ
- 昼食: グリルした豚肉、サツマイモのピューレ、サラダ
- 夕食: ビーフタコス、サラダ

木曜日

- 朝食: スクランブルエッグ、トースト、ベーコン
- 昼食: グリルした鮭、ブロッコリー、玄米
- 夕食: チキンヌードルスープ、サラダ

金曜日

- 朝食: ギリシャヨーグルトにハチミツとナッツを添えて
- 昼食: ターキーブラックビーンチリ、玄米
- 夕食: グリルしたステーキ、焼きジャガイモ、サラダ

土曜日

Section

36 効果的な昼寝のタイミングや方法を提案してもらってリフレッシュしよう

活用シーンとできること

・プライベート
・リフレッシュ
・管理

効果的な昼寝は業務の効率化に繋がります。どのようにしたら効果的な昼寝になるのかをChatGPTに提案してもらいましょう。どれくらい昼寝したのかを報告することで管理してもらうことも可能です。

1 効果的な昼寝を提案してもらう

体内時計や血糖値の影響などから、適したタイミングで昼寝をとることによって、業務のパフォーマンスの向上に繋がる可能性があると考えられています。では、いつ、どれくらい、どのような姿勢で昼寝をすればいいのでしょうか。その疑問をChatGPTに送ってみましょう。効果的な昼寝について提案してもらうことができます。

You
効果的な昼寝を教えてください。

ChatGPT
効果的な昼寝をするためには、以下のポイントに注意すると良いでしょう。

1. **適切な時間帯を選ぶ**: 昼寝は午後の早い時間帯に行うと効果的です。午後2時から4時の間が適しています。これは、体内時計の自然なリズムと調和する時間帯です。
2. **快適な環境を整える**: 静かで暗い場所を選び、快適な温度を保つことが大切です。もし可能であれば、ノイズや明るさを遮断するためにアイマスクや耳栓を使用すると良いでしょう。
3. **適度な時間を設定する**: 長すぎず、短すぎない時間を選びましょう。一般的には20〜30分程度が効果的です。長すぎると深い睡眠に入りすぎて、起きたときに眠気が残ってしまうことがあります。
4. **リラックスする**: 寝る前にストレスを減らすために、リラックスする活動を行うと良いです。軽いストレッチや瞑想、深呼吸などが効果的です。
5. **カフェインや重い食事を避ける**: 昼寝の直前にカフェインや重い食事を摂取すると、眠りにくくなることがあります。なるべくこれらを避けるようにしましょう。

⚠ 注意

専門性の高い情報は回答できない

医療分野など専門性の高い情報は、基本的にChatGPTにはできません（21ページ参照）。仮に回答が生成された場合は、情報が正しいかどうかの確認を必ず行ってください。

② 昼寝を管理してもらう

実際に昼寝をとったら、昼寝のタイミングや時間について報告することで、ChatGPTに昼寝の管理をしてもらうことができます。また、同一のチャットルームでやり取りした内容は記憶されているため、「今までの昼寝をレポートして」といったプロンプトを送ると、過去の昼寝の時間や効果をまとめてもらうことができます。

You
3月7日、3月8日は13時から30分昼寝をしました。

ChatGPT
理想的な昼寝の時間帯と長さですね。以下は、昼寝のタイミングと時間の記録です：

- 3月7日: 13時から30分間の昼寝
- 3月8日: 13時から30分間の昼寝

このように、毎日一定の時間に昼寝をすることで、日中のリフレッシュ効果を最大限に引き出すことができます。

You
3月9日は15時から15分昼寝をしました。
食後のほうが眠気が強く、よく眠れるみたいです。

ChatGPT
3月9日の昼寝時間も記録しました。15時から15分間の昼寝を行いましたね。

食後に眠気を感じやすいというのは一般的なことであり、消化過程や血糖値の変化が眠気に関連しています。食事後の昼寝は眠りやすいという経験はよくあります。ただし、大きな食事を摂った後にすぐに横になるのは、消化器官に負担をかけることがありますので、できるだけ軽い食事を摂った後に昼寝することをお勧めします。

これらの情報を元に、効果的な昼寝習慣を継続してください。

You
今までの睡眠についてレポートを作成してください。

ChatGPT
了解しました。これまでの睡眠パターンをまとめたレポートを作成します。以下に示します。

注意

チャットルームを切り替えない

昼寝など毎日の行動を記録してもらう場合は、チャットルームを切り替えたり削除したりしないよう注意してください。

レポートを作成してもらうには十分な報告データが必要です。

Section

37 引越しのスケジュールを提案してもらって順調な転居を目指そう

活用シーンとできること

・プライベート
・引越し
・スケジュール

引越しをするにあたって、住所変更やネット回線の手続き、引越し業者への連絡など必要な作業がたくさんあります。これらの項目をChatGPTに送り、スケジュールの提案・管理をしてもらいましょう。

1 引越しのスケジュールを提案してもらう

引越しをすることになった際、家具の片付け以外にも、役所への住所変更手続き、クレジットカードや運転免許証の住所変更、ネット回線の解約の手続き、引越し業者への連絡など、しなければならないことが多く、頭に入れておくだけでも大変です。しなければならないことはリストアップしてChatGPTに送り、「引越しまでのスケジュールを提案して」といったプロンプトを送ってみましょう。いつまでに何をすべきかが明確になり、頭の中の整理にもなります。

You
3か月後の5月に引越しをします。
スケジュールを提案してください。

ChatGPT
引っ越しのスケジュールを立てる際には、以下の手順を考慮することが重要です。ただし、具体的な日程は個々の状況や要件によって異なるため、この提案を適宜調整してください。

1. **3か月前の2月**:
   - 引っ越し先の地域や住居を決...

   - 重要な書類や貴重品は手荷物として携帯し、移動日に持参する。
5. **引っ越し当日**:
   - 引っ越し業者との打ち合わせを行い、荷物の積み込みを監督する。
   - 引っ越し先での初日の生活に必要なものを持参し、スムーズな移動を心がける。

以上が一般的な引っ越しのスケジュールの提案です。ただし、特定の状況に応じて調整する必要がありますので、実際の計画には注意してください。

ヒント

活動できる曜日を指定しておく

通学や通勤をしている場合、平日に作業を進めることは困難です。そのような場合は、事前にChatGPTに「平日を除いたスケジュールを提案して」といった指示を送りましょう。

② 引越しのスケジュールを管理してもらう

スケジュールを提案してもらったら、その日にできたことやできなかったことを報告してスケジュールの管理をしてもらいましょう。予定より手続きが早く終わった、または、終わらなかったという場合は、スケジュールの再考が必要になります。そのようなときは、「スケジュールを考え直して」といったプロンプトを送ることで、現状を踏まえたスケジュールを提案してもらうことができます。

You

引越し業者との最終確認と荷造りが予定より2週間遅れました。
スケジュールを再考してください。

ChatGPT

引っ越し業者との最終確認と荷造りが2週間遅れた場合でも、スケジュールを再調整して引っ越しを円滑に進めることができます。以下は再考したスケジュールです。

1. **2か月前の2月**:
   - 引っ越し先の地域や住居を決定する。
   - 引っ越しの日程を確定し、必要に応じて引っ越し業者を予約する。
2. **1か月前の3月**:
   - 引っ越し業者と最終確認を行う。日程の再調整が必要であれば、可能な限り早く手配する。
   - 荷造りを開始する。重要なものから始め、使わないものや不要なものから整理していく。
   - 新しい住居のレイアウトを考え、必要な家具や生活用品の購入を進める。
3. **引っ越しの前週**:
   - 荷造りを進め、段取りよく準備する。必要ならば友人や家族に手伝ってもらう。
   - 引っ越し先の住所に転居届を提出する。
4. **引っ越し当日の1週間前**:
   - 引っ越し業者との打ち合わせを再確認し、移動日のスケジュールを確定する。
   - 引っ越し先での生活に必要な手続きを進める（電気、ガス、水道、インターネットの開通手続きなど）。
5. **引っ越し当日**:
   - 引っ越し業者との連絡を取り、移動日の段取りを確認する。
   - 家族や友人と協力して、荷物の積み込みや搬出を行う。
   - 新しい住居での生活に必要なものを持参し、スムーズな移動を心がける。

このように再調整されたスケジュールであれば、2週間の遅れにも対応でき

補足

現状を把握できる

スケジュールややることリストは、頭の中にとどめておくよりも文字に起こすことで明確になり、イベントの直前になった場合でも落ち着いて対応できるようになります。まずは気軽にChatGPTに送ってみましょう。

ChatGPTにすべて任せるのではなく、万が一のトラブルに備えて、引っ越し日の数日前や数日後に予備日を確保しておくと安心です。

Section

38 旅行の持ち物リストを作成して心地よい旅の準備をしよう

活用シーンとできること

・プライベート
・旅行
・持ち物リスト

ChatGPTはよき旅行の相棒となります。持ち物リストの作成をはじめ、旅行先の調査や1日のプランの作成など、旅行前の準備の段階から旅行当日までさまざまな場面で役立つでしょう。

1 持ち物リストを作成してもらう

旅行の機会を心地よいものにするためには、念入りな準備が必要です。ChatGPTでは持ち物リストの作成ができるので、準備を手伝ってもらいましょう。旅行先の詳細や目的、プランなどもあわせて伝えると、旅先で必要になりそうなものもリストに入れられます。

You
千葉に旅行に行くので、持ち物リストを作成してください。
旅行は3日間で、2日目に海水浴場に行きます。

ChatGPT
千葉への旅行の持ち物リストを作成します。3日間の旅行で、2日目には海水浴場に行くとのことですね。以下はおすすめの持ち物です：

1. **衣類:**
   - Tシャツ/シャツ（3枚）
   - パンツ/ショートパンツ（3枚）
   - パジャマ（2泊分）
   - インナー（下着・靴下など）
   - ビーチウェア（水着、ビーチシ

   - ビーチボール/ラケットセット（ビーチでのアクティビティ用）
8. **その他:**
   - 日帰り用バッグ（海水浴場への持ち運び用）
   - カメラ/スマートフォン（写真撮影用）
   - 充電器/バッテリーパック
   - 身分証明書（運転免許証やパスポートなど）

以上が基本的な持ち物リストです。海水浴場に行く際には特に日焼け対策やビーチ用品をしっかり準備して、快適な時間をお過ごしください。

応用技

持ち物リストのチェックをしてもらう

自作の持ち物リストがある場合は、足りていないものがないかChatGPTにチェックしてもらうことも可能です。旅行先の情報や目的も一緒に伝えると、より正確な確認ができます。

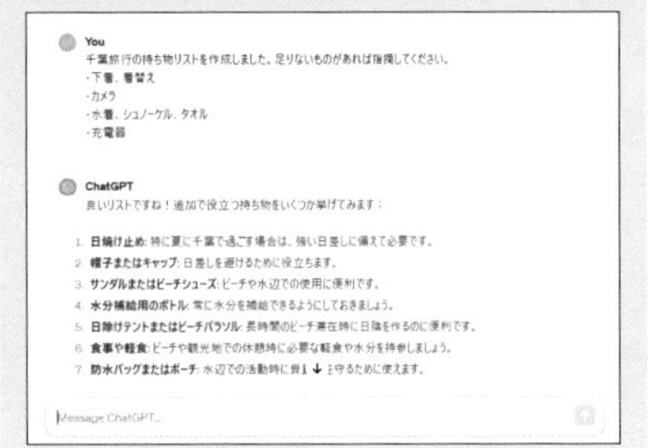

② 旅行先の情報を教えてもらう

正確な情報も収集する

ChatGPTの情報が正確でないことがあります。特に旅先に到着したあとに困らないよう、公式のWebサイトやSNSなども併用しましょう。

旅行先のリサーチもChatGPTに任せることができます。旅行が決まったら、まずは旅行先の地名を伝えて「観光スポットを教えて」「釣りができる場所を教えて」といったプロンプトを送ってみましょう。なお、ChatGPTが生成した情報が間違っている場合もあります。複数のツールを用いて情報は正確なのか確認するよう意識することが大切です。

You
大分の別府に行きます。
別府の観光スポットを教えてください。

ChatGPT
大分の別府は温泉地として有名ですが、その他にも多くの観光スポットがあります。以下にいくつかおすすめの場所を挙げますね：

1. 別府地獄めぐり：別府地獄めぐりは、別府地獄巡りとも呼ばれ、泥湯や血の池地獄など8つの温泉地獄を巡る人気の観光コースです。
2. 別府タワー：高さ100メートルの別府タワーからは、別府市内や別府湾の美しい景色を眺めることができます。
3. 別府海浜公園：海岸沿いに位置するこの公園は、芝生の広場や遊具、海水浴場などがあり、家族連れに人気です。
4. 別府八湯：別府市内には多くの温泉がありますが、その中でも八つの名湯が有名です。各湯の特徴や泉質を楽しむことができます。
5. 別府市地球温暖化防止センター（GECO）：地球温暖化に関する

You
新潟に旅行に行きます。
新潟の釣りスポットを教えてください。

ChatGPT
新潟には多くの釣りスポットがあります。以下はそのいくつかです。

1. **佐渡島**: 新潟県の象徴的な島で、周囲には豊富な漁場があります。海釣りや港での釣りが楽しめます。
2. **阿賀野川**: 新潟市内を流れる阿賀野川は、鮎や鮭などの釣りが人気です。特に、新潟市内の釣り堀やポイントで楽しむことができます。
3. **信濃川**: 長岡市や三条市などで信濃川の釣りが楽しめます。季節によってサクラマスやアユが釣れることがあります。
4. **魚沼**: 新潟県の山間部に位置し、美しい自然環境があります。魚沼地域では渓流釣りが楽しめます。特にトラウトやイワナが人気です。

これらは新潟で釣りを楽しむためのいくつかのスポットです。訪れる際は、釣りのルールや規制を確認し、安全に楽しんでください。

ChatGPTは旅行の際もよき相棒としてユーザーをサポートします。

3 1日のプランを作成してもらう

乗換案内はできない

2024年2月現在、ChatGPTは乗換案内などの経路検索ができません。ChatGPTで1日のプランを作成した場合も、ほかのWebサイトで正確な情報を集めるよう意識してください。

旅行先の情報収集が終わったら、1日のプランを作成しましょう。プランの作成にもChatGPTが役立ちます。出発時間や行きたいスポット、宿泊施設の住所などを伝えることで、これらの情報をもとにプランが作成されます。旅行の参加者の詳細や予算を伝えることでも、より精度の高いプランを作成してもらえます。

You
茨城旅行の1日のプランを考えてください。
朝7時に東京駅を出発予定です。
竜神大橋を観光できるプランにしてください。
18時に大洗のホテルにチェックインします。

ChatGPT
茨城旅行の1日のプランを考えますね。朝7時に東京駅を出発するということですので、移動にかかる時間を考慮して、以下のようなプランを提案します。

朝:

- 7:00 - 東京駅出発
- 8:30 - 茨城県への移動（車や電車を利用）
- 10:00 - 竜神大橋に到着

午前:

- 10:00 - 11:30 - 竜神大橋の観光
  - 大橋からの眺めを楽しんだり、周辺を散策する時間を取る
- 11:30 - 12:30 - 昼食
  - 近隣のレストランやカフェで茨城の郷土料理を楽しむ

午後:

- 12:30 - 14:30 - 地域散策
  - 竜神大橋周辺の観光スポットや土産物店を訪れる
  - 近くの公園や自然の中を散策する
- 14:30 - 16:00 - 近隣の観光地巡り
  - 県内の名所や観光地を訪れる（例：水戸市の偕楽園や水戸黄門の像）
- 16:00 - 18:00 - 大洗へ移動
  - 車や電車で大洗へ移動し、ホテルにチェックイン

夕方:

- 18:00 - 大洗のホテルにチェックイン

旅行代理店のスタッフにリクエストするイメージでChatGPTにプランニングしてもらいましょう。

第 4 章

ChatGPTを使って成果物や生活の質を向上させよう

この章で学ぶこと

ChatGPTは品質を向上させるタスクが得意

ChatGPTの得意なタスク

ChatGPTが得意なことは、おもに「作業効率を向上させるタスク」と「品質を向上させるタスク」です。第4章では「品質を向上させるタスク」に着目し、「ビジネス」「クリエイティブ」「プライベート」の3つのシーンでのChatGPTの活用例を紹介します。以下の表に、ChatGPTが得意なことをまとめました。

ChatGPTが得意なこと

	作業効率の向上（第3章）	品質の向上（第4章）
作成	・箇条書きのメモを文章にまとめる ・メールのテンプレートを用意する ・自己PRの文章を作る ・タスク管理をしてGoogleカレンダーに取り込む ・フリマアプリに出品する商品の説明文を考える ・引越しのスケジュールを提案する ・旅行の持ち物リストを作成する	・文章の内容を変えずに文字数を増やす ・自分の作品のこだわりを文章にまとめる ・フィットネスメニューを作る
要約、添削、校正	・長文を要約する ・文章をわかりやすい表現に直す	・文章の誤字や脱字を修正する ・表記揺れを直す ・フィードバックを作成する ・SNSの炎上リスクを判定する
リサーチ	・業界の動向をリサーチする	
対話		・面接官になって面接練習の相手になる ・占い師になって運勢を占う
創作	・自分の人生を小説風にまとめる ・マンガのキャラクターの設定を作成する ・画像生成AIのプロンプトを作る	・物語の続きを書く ・既存のコーディネートに過去の流行を取り入れる ・複雑なパスワードを作る
アイデア	・料理の献立を考える ・効果的な昼寝のタイミングや方法を提案する	・オペレーションの改善点を考える ・商品のキャッチフレーズを再考する ・デザインの配色案を考える ・ブレインストーミングでアイデアを出す ・プレゼントの案を考える

も電子版で読める！

電子版定期購読がお得に楽しめる！

くわしくは、
「**Gihyo Digital Publishing**」
のトップページをご覧ください。

電子書籍をプレゼントしよう！

Gihyo Digital Publishing でお買い求めいただける特定の商品と引き替えが可能な、ギフトコードをご購入いただけるようになりました。おすすめの電子書籍や電子雑誌を贈ってみませんか？

こんなシーンで…

- ●ご入学のお祝いに　●新社会人への贈り物に
- ●イベントやコンテストのプレゼントに　………

◉**ギフトコードとは？**　Gihyo Digital Publishing で販売している商品と引き替えできるクーポンコードです。コードと商品は一対一で結びつけられています。

くわしい**ご利用方法**は、「**Gihyo Digital Publishing**」をご覧ください。

ノフトのインストールが必要となります。
印刷を行うことができます。法人・学校での一括購入においても、利用者１人につき１アカウントが必要となり、

也人への譲渡、共有はすべて著作権法および規約違反です。

電脳会議

紙面版

新規送付のお申し込みは…

電脳会議事務局　検索

で検索、もしくは以下の QR コード・URL から登録をお願いします。

https://gihyo.jp/site/inquiry/dennou

「電脳会議」紙面版の送付は送料含め費用は一切無料です。
登録時の個人情報の取扱については、株式会社技術評論社のプライバシーポリシーに準じます。

技術評論社のプライバシーポリシーはこちらを検索。

https://gihyo.jp/site/policy/

技術評論社　電脳会議事務局
〒162-0846　東京都新宿区市谷左内町21-13

ChatGPTで品質を向上させることができるタスクの例

ビジネスやクリエイティブなどの現場では、品質の高い成果物を生み出すことが非常に重要です。ChatGPTは既存の成果物を分析したり、問題点や改善点を特定したりすることができるため、品質を向上させるためのツールとして活用されています。
第4章では、こだわりを文章に反映させるなどの「作成」のタスク、誤字脱字や表記揺れを直すなどの「添削」「校正」のタスク、面接の練習相手になるなどの「対話」のタスク、物語やコーディネートをクオリティアップさせるなどの「創作」のタスク、キャッチフレーズを再考させるなどの「アイデア」のタスクを紹介します。

タスクの例

品質の向上によるメリット

成果物の品質を向上させることには、さまざまなメリットがあります。品質の高い成果物は、修正や再作業の必要性を軽減し、時間やリソースの浪費を防ぐことができます。また、品質の高い成果物を生み出し続けることで、社内評価などの信頼度、顧客満足度が上がるでしょう。結果として自己満足感や達成感を得ることができ、モチベーションの向上にもつながります。

品質を向上させることにはさまざまなメリットがある

Section
39 文章の内容を変えずに文字数を増やしてもらおう

活用シーンとできること

・ビジネス
・文章の修正
・文字数の追加

仕事や学校に提出する文書では、文字数が指定されていることがあります。作成した文章が条件に満たない場合は、ChatGPTに意味を変えずに文字数を増やしてもらいましょう。補足情報などを加えつつ、充実した文章になります。

1 指定の文字数に増やしてもらう

文章の意味を変えられる場合もある

文字数を増やすために、ChatGPTはもとの文章の表現を別の言い回しに変更することがあります。これにより文章の意味が変わってしまう場合もあるため、生成された文章に問題がないかしっかりと確認しましょう。

レポートや論文で特定の文字数を満たさなければいけない、雑誌やWebページのデザインで特定の領域を文字で埋めなければいけないなど、ビジネスや創作では文言の拡充が必要とされる場面があるかと思います。そんなときは、ChatGPTに文字数を増やす手伝いをしてもらいましょう。
「文章の内容を変えずにあと200文字増やして」などと指示すると、文章の意味を損なうことなく文章を拡張できます。

You
以下の文章の文字数を200文字増やしてください。
文章の意味や内容は変えないでください。

地球温暖化は、人間活動によって大気中の温室効果ガスが増加し、地球の気温が上昇する現象です。主な原因は化石燃料の燃焼や森林伐採などにより、二酸化炭素やメタンなどの温室効果ガスが大気中に放出されることです。これにより、太陽からの放射線が地球に届いた際に一部が地球の表面で吸収され、一部が大気に反射されるため、地球の温度が上昇します。

ChatGPT
地球温暖化は、人間活動によって大気中の温室効果ガスが増加し、地球の気温が上昇する現象です。主な原因は化石燃料の燃焼や森林伐採などにより、二酸化炭素やメタンなどの温室効果ガスが大気中に放出されることです。これにより、太陽からの放射線が地球に届いた際に一部が地球の表面で吸収され、一部が大気に反射されるため、地球の温度が上昇します。

地球温暖化の影響は深刻で、気温上昇による極端な気象や海面上昇が懸念されています。また、気候変動は生態系にも大きな影響を与え、動植物の分布や生態系のバランスが乱れる可能性があります。解決策と

② 情報を追加しながら文字数を増やしてもらう

補足

追加してほしい要素を具体的に指示する

文字数を増やす際には、冗長さを避け、情報の充実感や明瞭性を重視することが大切です。具体的に追加したい事例や表現を伝えておくと、それらを補足しながら文章を拡張してくれます。

さまざまな条件を提示して文字数を増やしてもらいましょう。

単に文章を冗長させるのではなく、情報をより明瞭に伝えるための手法として活用するのもよいでしょう。同じ内容を異なる言葉で再表現したり、補足的な情報や例を追加したりしてもらうことで、充実感が増した文章に仕上がります。

You

以下の文章の文字数を500文字増やしてください。
文章の意味や内容は大きく変えず、言葉を別の表現にしたり、専門用語などの情報や例を追加したりしてください。

地球温暖化は、人間活動によって大気中の温室効果ガスが増加し、地球の気温が上昇する現象です。主な原因は化石燃料の燃焼や森林伐採などにより、二酸化炭素やメタンなどの温室効果ガスが大気中に放出されることです。これにより、太陽からの放射線が地球に届いた際に一部が地球の表面で吸収され、一部が大気に反射されるため、地球の温度が上昇します。

ChatGPT

地球温暖化は、人間の活動によって大気中の温室効果ガスが増加し、それが原因で地球の気温が上昇する現象を指します。この現象の主要な原因は、主に化石燃料の燃焼や森林伐採により、大気中に二酸化炭素やメタンなどの温室効果ガスが放出されることです。これにより、太陽からの放射線が地球に到達する際、一部が地球の表面で吸収され、他の一部が大気に反射されます。その結果、地球の表面温度が上昇し、気

You

いま生成した文章の文字数を保ったまま、「温室効果ガス」についての説明を追加してください。

ChatGPT

地球温暖化は、人間の活動によって大気中の温室効果ガスが増加し、それが原因で地球の気温が上昇する現象を指します。この現象の主要な原因は、主に化石燃料の燃焼や森林伐採により、大気中に二酸化炭素やメタンなどの温室効果ガスが放出されることです。これにより、太陽からの放射線が地球に到達する際、一部が地球の表面で吸収され、他の一部が大気に反射されます。その結果、地球の表面温度が上昇し、気候変動や極端な気象現象が引き起こされます。

温室効果ガスとは、大気中で太陽からの熱を吸収し、それを地球表面に戻す役割を果たすガスの総称です。代表的なものには水蒸気、二酸化炭素、メタン、一酸化二窒素などがあります。これらのガスは、太陽光や地球から放射される赤外線などのエネルギーを吸収し、一部を再放射して地球の表面を温暖に保ちます。

Section 40

自分で作った文章の誤字や脱字を修正してもらおう

活用シーンとできること

- ビジネス
- 文章の修正
- 誤字脱字

読みやすい文章を作るためには、添削や校正が欠かせません。一般的には第三者のチェックや専用ツールに頼りますが、時間やコストがかかってしまいます。ChatGPTは、スピーディーに誤字や脱字の修正を行います。

1 誤字や脱字などを修正してもらう

ChatGPTの性能は完璧ではない

ChatGPTの校正の能力は完璧ではありません。ときにはミスを見落とすこともあるため、最終的には人間のチェックが必須です。

エッセイ、企画書、メールなどでは、プロフェッショナルな文章が求められます。誤字や脱字があると、読み手を混乱させてしまうだけでなく、自身への印象が悪くなってしまう可能性もあります。
ChatGPTは、正確な文章を作成するための添削や修正にも役立ちます。自分で作成した文章とあわせて、「誤字脱字を見つけて修正してほしい」と指示してみましょう。

You
以下は、「平成レトロブーム」についてまとめた文章です。
誤字脱字があれば修正してください。

令和では、アニメや漫画、ゲーム、玩具、テレビ番組など、平成時代に活躍した様々なコテンツが再び注目を集め、評価を受け直しているという興味深い現象が見受けられます。これは「平成レトロブーム」と呼ばれています。
平静レトロブームでは、平成生まれの世代が大人になり、自分たちの子ども時代に愛されたキャラクターや作品に対して、なつかしさやかんがい深さを感じ、それが市場やメデイアに影響を与えているです。このトレンドは、日本だけでなく世界中で愛され、新しい時代においても影響を残す可能性を秘めていると考えられています。

ChatGPT
以下は、修正された文章です。

令和では、アニメや漫画、ゲーム、玩具、テレビ番組など、平成時代に活躍したさまざまなコンテンツが再び注目を集め、評価を受け直しているという興味深い現象が見受けられます。これは「平成レトロブーム」と呼ばれています。平成レトロブームでは、平成生まれの世代が大人になり、自分たちの子ども時代に愛されたキャラクターや作品に対して、なつかしさや感慨深さを感じ、それが市場やメディアに影響を与えています。このトレンドは、日

② 修正箇所を指摘してもらう

ただ修正してもらうのではなく、具体的にどの部分がおかしいのかも指摘してもらうと、自分では気が付かなかったミスを発見できるかもしれません。また、はじめに「誤字脱字の指摘のみ」にとどめるよう指示するパターンもあります。

You
どこがおかしかったのか知りたいので、修正すべき箇所を指摘してください。

ChatGPT
すみません、説明が不足していました。指摘すべき箇所を具体的に述べます。

指摘すべき箇所:

1. "平静"→"平成"：原文では「平静レトロブーム」になっていましたが、正しくは「平成レトロブーム」です。
2. "かんがい深さ"→"感慨深さ"：原文では「かんがい深さ」になっていましたが、正しくは「感慨深さ」です。
3. "メイディア"→"メディア"：原文では「メイディア」になっていましたが、正しくは「メディア」です。
4. "それが市場やメデイアに影響を与えているです"→"それが市場やメディアに影響を与えています"：原文では文末が不自然で、正しくは「影響を与えています」となります。

You
以下は、「平成レトロブーム」についてまとめた文章です。
誤字脱字があれば箇条書きで指摘してください。

ChatGPT
文中の誤字脱字を箇条書きで指摘します：

1. 平静→平成
2. かんがい深さ→感慨深さ
3. メデイア→メディア
4. それが市場やメデイアに影響を与えているです→それが市場やメディアに影響を与えている
5. 新しい時代において→新しい時代においても

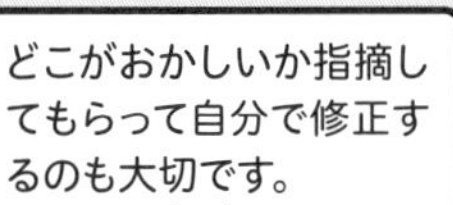

どこがおかしいか指摘してもらって自分で修正するのも大切です。

Section

41 表記揺れを直して文章に統一感を出してもらおう

活用シーンとできること

・ビジネス
・文章の修正
・表記揺れ

重要書類では、表記の一貫性が信頼のもととなります。表記にばらつきがあると、本来伝えたい内容が正確に伝わらない場合もあります。ChatGPTに不統一表記の修正や該当箇所の指摘を依頼し、読みやすく理解がしやすい文章に直しましょう。

1 表記揺れを修正してもらう

ChatGPTには制約がある

ChatGPTは表記揺れの解消に便利ですが、文脈の理解や特定の表現に制約がある場合があります。

ビジネス文書や法的文書などの専門的な文書では、読み手の信頼を得るために表記の一貫性を保つことが重要といえます。ChatGPTは、文章の表記揺れを解消する際にも非常に有用なツールです。作成した文章とあわせて、「表記が不統一な箇所を修正してほしい」と指示してみましょう。

You
以下の文章で、表記が不統一な箇所があれば修正してください。

弊社は新規プロジェクトの立ち上げにおいて、プロジェクトメンバーとの協力を重視し、アイディアのブレインストーミングから具体的な実行プランの策定まで、ダイナミックなアプローチを取っています。
将来の展望においては、マーケットの動向を的確に捉え、ステークホルダーとの関係を深めながら、競争環境での優位性を確立する戦略をチームメンバーで検討しています。
我が社のビジョンは、クライアントのニーズに適切に対応することで、持続的な成長を達成することです。この基準に基づき、今後のアイデア、スケジュール、プロジェクトなどに関する情報共有に関しては、リアルタイムで透明性を持たせるための効果的なコミュニケーション戦略を構築中です。同時に、顧客との信頼関係を築きながら、戦略的なパートナーシップを強化することを焦点としています。

ChatGPT
弊社は新規プロジェクトの立ち上げにおいて、プロジェクトメンバーとの協力を重視し、アイディアのブレインストーミングから具体的な実行プランの策定まで、ダイナミックなアプローチを取っています。将来の展望においては、マーケットの動向を的確に捉え、ステークホルダーとの関係を深めながら、競争環境での優位性を確立する戦略をチームメンバーで検討しています。弊社のビジョンは、クライアントのニーズに適切に対応することで、持続的な成長を達成することです。この基準に基づき、今後のアイデア、スケジュール、プ

どの表記が修正されたのかがわからない場合は、統一した箇所を確認してみましょう。

You
どの表記を何に統一しましたか？

ChatGPT
修正後の表記は、基本的に文中の表現スタイルや用語を一貫させ、より統一感を持たせました。以下に具体的な修正点を示します。

1. 「弊社」: 一貫して「弊社」を使用しました。
2. 「アイディア」: 一貫して「アイディア」を使用しました。
3. 「プロジェクトメンバー」: 一貫して「プロジェクトメンバー」を使用しました。
4. 「ビジョン」: 一貫して「ビジョン」を使用しました。
5. 「リアルタイム」: 一貫して「リアルタイム」を使用しました。

2 統一する表記をあらかじめ指示する

ChatGPTは、文脈を十分に理解できなかったり、特定の表現に対応できなかったりする場合があります。修正漏れが不安な場合は、あらかじめ統一してほしい表記を指示しておくのもコツです。

You
以下の文章内にある表記を次のように統一してください。

・弊社／我が社→弊社
・アイディア／アイデア→アイディア
・プロジェクトメンバー／チームメンバー→プロジェクトメンバー
・ビジョン／展望→ビジョン
・クライアント／顧客→クライアント

弊社は新規プロジェクトの立ち上げにおいて、プロジェクトメンバーとの協力を重視し、アイディアのブレインストーミングから具体的な実行プランの策定まで、ダイナミックなアプローチを取っています。
将来の展望においては、マーケットの動向を的確に捉え、ステークホルダーとの関係を深めながら、競争環境での優位性を確立する戦略をチームメンバーで検討しています。
我が社のビジョンは、クライアントのニーズに適切に対応することで、持続的な成長を達成することです。この基準に基づき、今後のアイデア、スケジュール、プロジェクトなどに関する情報共有に関しては、リアルタイムで透明性を持たせるための効果的なコミュニケーション戦略を構築中です。同時に、顧客との信頼関係を築きながら、戦略的なパートナーシップを強化することを焦点としています。

自己チェックも大切

ChatGPTに表記の統一を依頼する前に、必ず自身で文章を複数回読み返しておきましょう。すべてChatGPTに丸投げするのではなく、自身の校正能力を向上させることも重要です。

Section
42 フィードバックを求めて文章のクオリティを上げよう

活用シーンとできること

・ビジネス
・文章の修正
・フィードバック

作成した文章のフィードバックを、ChatGPTに求めてみましょう。フィードバックの内容をもとに文章を修正し、再びフィードバックを求めるサイクルを繰り返すことで、段階的にクオリティの高い文章を完成させることができます。

1 文章のフィードバックを求める

フィードバックを今後にも役立てる

文章の文脈や表現の適切さについてもフィードバックを求めると、今後文章を作成する際に役立ちます。

自身の文章作成スキルを向上させるためには、他者からフィードバックをもとに改善していくことが重要です。ChatGPTに修正案を提示してもらうパターンもありますが､「修正してほしい」ではなく「フィードバックがほしい」と指示することにより、ChatGPTによる手助けは最小限に抑え､自分自身の力で文章のブラッシュアップができます。

You
次の文章に対してのフィードバックをください。

近年、ソーシャルメディアの普及に伴い、インフルエンサー（影響者）と呼ばれる個人が注目を集めています。彼らは自身の魅力や専門知識を活かし、インターネット上でフォロワーと呼ばれる大勢の支持者を獲得しています。この新たなメディア環境において、インフルエンサーは商品やサービスのプロモーションだけでなく、さまざまな社会的影響を与えています。

ChatGPT
この文章は、ソーシャルメディアとインフルエンサーに焦点を当て、それらがどのように注目を集め、社会に影響を与えているかについて述べています。以下は文章に対するフィードバックです：

1. **明確で簡潔な表現**: 文章は明確で簡潔な表現を採用しており、読み手がすぐに内容を理解できるようになっています。これは良い点です。
2. **語彙のバリエーション**: 同じアイディアや概念を異なる言葉やフレーズで表現することで、文章がより興味深く読まれやすくなります。一部の表現を変えてバリエーションを増やすと良いでしょう。
3. **例や証拠の追加**: インフルエンサーが商品やサービスのプロモーションだけでなく、社会的影響を与えていると述べていますが、これに具体的な例や証拠を追加すると、読者により納得感を与えることができます。
4. **結論の導入**: 文章はこれからどのように進むかを示すために、結論の導入

② 修正した文章でさらにフィードバックを求める

補足

ChatGPTの理解度にも注目する

フィードバックを受ける際には、自分の意図が正確に伝わっているかどうかにも注目してみましょう。

ChatGPTから受けたフィードバックをもとに文章を修正できたら、再度フィードバックを求めてみましょう。ChatGPTが問題ないクオリティと判断するまでフィードバックと改善を繰り返すことで、よりクオリティの高い文章が完成します。

You

文章を修正してみました。
再度フィードバックをください。

近年、ソーシャルメディアの普及に伴い、インフルエンサー（影響者）と呼ばれる個人が注目を集めています。彼らは自身の魅力や専門知識を活かし、インターネット上でフォロワーと呼ばれる大勢の支持者を獲得しています。この新たなメディア環境において、インフルエンサーは商品やサービスのプロモーションだけでなく、さまざまな社会的影響を与えています。
一つの視点として、インフルエンサーは広告やマーケティングの手法を変革しました。伝統的なメディアと比較して、彼らのメッセージは直接かつ個人的なものであり、フォロワーとのコミュニケーションが強化されています。これにより、商品やブランドは従来よりも直接的に消費者に届けられ、信頼感や共感が生まれやすくなっています。
一方で、インフルエンサーマーケティングには懸念も存在します。フォロワーはしばしばインフルエンサーの生活や行動に強く影響を受け、その影響が商品購買やライフスタイルにまで及ぶことがあります。これにより、現実とオンラ

ChatGPT

修正された文章は、改善が見られました。以下はフィードバックです：

1. **具体的な例と証拠の追加**: 修正された文章では、インフルエンサーが広告やマーケティング手法を変革し、その影響がどのように商品やブランドに及んでいるかについて、より具体的な例と証拠が追加されています。これは読者により理解しやすく、納得感を与える効果があります。
2. **複数の視点の導入**: 修正された文章では、インフルエンサーマーケティングにおける広告の変革だけでなく、懸念や倫理的な側面、社会的な影響力に関する視点も導入されています。これにより、より豊かで多面的な議論が展開されています。
3. **段落の構造**: 各段落が特定の視点やトピックに焦点を当てているため、文章の構造が明確で読みやすくなっています。このまま維持することが良いでしょう。
4. **結論への導入**: 修正された文章は、最後の段落で「インフルエンサーの存在は、情報伝達やコミュニケーションの新たな形態を示しています。その影響は商業だけでなく、社会全体に及び、これからの時代においてますます重要な要素となるでしょう。」といった形で締めくくられています。これにより、読者に今後の展望を示す効果があります。

全体として、良くまとまった文章になっています。

フィードバックと改善の繰り返しにより、質を高めることができます。

Section

43 オペレーションの改善点を教えてもらおう

活用シーンとできること

- ビジネス
- オペレーション
- 改善点

多くの企業では、既定のオペレーションに従って業務を進行しています。ただし、オペレーションの質が低いと業務の滞りや生産性低下などの懸念が生じます。オペレーションを最適化するために、ChatGPTに改善点を教えてもらいましょう。

1 オペレーションの改善が必要なケースを確認する

ビジネスにおいて、既定のオペレーションに従って業務を進めている企業がほとんどだと思います。しかしオペレーションの質が低い場合、業務が滞りやすくなったり、生産性が落ちてしまったりするおそれがあります。スムーズな業務進行やコスト削減のためには、オペレーションの最適化は非常に重要です。まずはオペレーションの改善が必要なケースを把握し、自社に当てはめて考えてみましょう。

You
オペレーションを改善するべきケースを教えてください。

ChatGPT
オペレーションを改善するための具体的なケースは様々ですが、以下は一般的な改善ポイントの例です：

1. **プロセスの効率性向上**:
   - **無駄な手続きの削減**: 仕事の進行において不必要なステップや手続きを見つけ、それらを削減することで、生産性を向上させることができます。
   - **自動化の導入**: ルーチンな作業や繰り返し作業を自動化することで、作業時間を短縮し、エラーの発生を減少させます。
2. **情報の効果的な管理**:
   - **データの精度向上**: 不正確なデータは誤った意思決定につながります。データの入力、更新、保管のプロセスを改善して、データの精度を向上させましょう。
   - **情報の共有とアクセスの改善**: 部門間やチームメンバー間で情報を円滑に共有し、必要な情報にアクセスしやすくすることで、意思決定がスムーズに行えます。
3. **コミュニケーションの改善**:
   - **効果的な会話の促進**: チーム内や異なる部門間でのコミュニケーション

補足
改善には社内協力が重要

オペレーションの改善は、社内から反対意見が出る場合もあります。誰でも慣れ親しんだやり方を変更するのには抵抗があるものです。しかし、長期的な視点で考えればオペレーションの改善は避けて通れない取り組みです。改善の重要性を理解してもらえるよう努めましょう。

② 自社のオペレーションの改善点を教えてもらう

自社のオペレーションの詳細を伝える

可能な範囲で自社のオペレーションに関する前提や具体的なポイントを明示してもよいでしょう。

注意
提案された改善案が必ずしも最適とは限らない

ChatGPTからの指摘が最適な解決策であるとは限りません。必ず検証を行ってから改善のステップに進むことが重要です。

自社のオペレーションを見直したい場合は、ChatGPTに改善点を教えてもらいましょう。ここでは110ページで挙げられたポイントから抜粋し、改善点を聞いてみました。
これまで最適だと思っていたオペレーションでも、ChatGPTからの指摘で欠陥が見つかることがあるかもしれません。オペレーションをブラッシュアップして業務のパフォーマンスが向上すれば、今後の企業の成長にもつながることでしょう。

You
自社のオペレーションでは「プロセスの効率性向上」「トレーニングとスキルの向上」が不足しています。
具体的にどう見直すべきか、改善点を教えてください。

ChatGPT
「プロセスの効率性向上」と「トレーニングとスキルの向上」の不足が認識されている場合、以下は具体的な改善点の提案です。

プロセスの効率性向上:

1. **プロセスのマッピングと分析**:
   - 現行のオペレーションプロセスを詳細にマッピングし、ステップごとの所要時間や資源の使用状況を明らかにします。
   - 各ステップでの待ち時間や無駄な動きを特定し、効率性向上のための改善ポイントを見つけます。
2. **無駄なステップの削減**:
   - マッピングの結果を基に、無駄なステップや冗長な手続きを削減します。

   - 内部……専門家を利用して、定期的なトレーニングセッションを実施します。
3. **オン・ザ・ジョブ・トレーニング**:
   - 新しいスキルを身につけるために、オン・ザ・ジョブ・トレーニングの機会を提供します。
   - メンターシッププログラムやプロジェクトベースの学習を導入し、従業員が実践的な経験を積む機会を提供します。
4. **パフォーマンスフィードバック**:
   - トレーニングの効果を測定するために、従業員のパフォーマンスを定期的に評価します。
   - フィードバックをもとに、トレーニングプログラムを改善していきます。

これらの改善点を取り入れることで、プロセスの効率性が向上し、従業員のスキルが強化されるでしょう。状況によっては、これらの変更を段階的に実施することも検討してください。

Section
44 面接官役をしてもらって自信を持って面接に臨もう

活用シーンとできること

・ビジネス
・面接の練習
・シミュレーション

就職や入試の面接の練習相手としてChatGPTに面接官役になってもらうと、実践的な模擬面接ができます。場面に応じた会話を生成してくれるため、双方向のコミュニケーションを重視したシミュレーションが可能です。

1 面接官役で会話をしてもらう

面接で自信を持って自分の意思や強みをアピールするためには、抜かりない事前準備が欠かせません。ChatGPTに面接官になりきってもらい、面接の模擬練習を行ってみましょう。ChatGPTは多様な質問に対応できるため、幅広い面での準備に役立ちます。
まずはChatGPTに「ChatGPTは面接官で自分は応募者」ということを明示したうえで、会話の進め方などを指定しましょう。なお、面接は面接官からの一方通行の会話ではなく、面接官と応募者の双方向の会話です。ChatGPTに「質問によって話を掘り下げてほしい」「途中で話題を変えたり広げたりしてほしい」といった指示をし、コミュニケーションがきちんと取れる模擬面接を行いましょう。

You
面接の練習をしたいです。
あなたに面接官、私は応募者の設定で会話を進めたいです。

ChatGPT
もちろんです！面接の練習をお手伝いします。まず最初に、あなたの応募するポジションや業界について教えていただけますか？それに基づいて、適切な質問やシナリオを考えます。

You
・希望職種は広告の営業です。
・そちらからの質問に私が回答します。
・一度に会話を出力しないでください。
・回答内容に応じて話を掘り下げてください。
・適切なタイミングで質問を切り替えたり、話を広げたりしてください。

補足
自身のポジションを意識する

応募者としての役を想定し、具体的なエピソードや実績を交えながら対話することがポイントです。

個人情報は入力しない

ChatGPTからの質問に対する回答に個人情報は含めてはいけません。個人情報を交えて回答する場合、ダミーの情報に変換しましょう。

You
広告の営業に興味を持つようになったきっかけは、人々に価値あるメッセージを伝えることの重要性に気づいたからです。広告の営業は、顧客とクライアントの間に橋を築き、ビジネスの成功に寄与する重要なポジションだと考えています。
私は自身のコミュニケーションスキルや交渉力を強化し、課題に対する柔軟性を発展させるために努力してきました。貴社はその市場でリーダーシップを発揮しており、私が追求してきた価値観と一致しています。貴社で広告の営業として働くことで、私のスキルを最大限に発揮し、チーム全体の成功に貢献できると考えております。

ChatGPT
素晴らしい経験ですね。製品ローンチの成功に向けて透明性と誠実性を重視し、顧客との信頼関係を築く努力が素晴らしい成果を生んだことがよく分かります。このプロジェクトから得た教訓を、貴社での広告の営業にどのように活かしたいと考えていますか？

You
この教訓を貴社での広告の営業に活かすためには、まず顧客との深い信頼関係の重要性を理解し、それを築くために透明性と誠実性を常に心がけます。過去の経験から得たコミュニケーションスキルを最大限に活用し、クライアントのニーズや目標に寄り添った提案を行います。
また、市場の変化に敏感であり、柔軟に新しいアプローチや戦略を取り入れることが成功の鍵であるという認識をもとに、貴社の広告戦略においても常にトレンドや競合動向に注意を払います。顧客との連携を深めつつ、マーケットの変化に迅速かつ適応力を持って対応し、貴社の広告業務をよ

2 面接の評価を求める

面接が終了したら、ChatGPTに評価を求めてみましょう。よりよい受け答えをするためのアドバイスをもらえるかもしれません。ChatGPTを通じて得られた評価をもとに練習を重ね、自信を持って面接に臨みましょう。

ChatGPT
面接でのやりとりは非常に良かったです。あなたの広告の営業への情熱や経験をしっかりと伝えられており、信頼性と柔軟性が強調されていました。ただし、もし面接官がもっと具体的な例や数字を求める可能性があるため、プロジェクトや実績についてのデータや具体的な成果を挙げると、より説得力が増すかもしれません。

また、面接の終わりに自らの強みや貢献できる点をまとめることで、印象を強化できます。締めくくりの際に、自身の強みや貴社における活躍に期待するポイントを明確に伝えると良いでしょう。

Section

45 SNSの炎上リスクを判定してもらおう

活用シーンとできること

・ビジネス
・SNSの炎上
・文章の判定

SNSの炎上は、企業や個人にとって大きな損失につながる可能性があります。ChatGPTは人間の感情を理解することは難しいものの、第三者の視点から投稿の内容を分析し、潜在的なリスクを予測することができます。

1 炎上リスクの有無を判定してもらう

炎上の原因

炎上の原因は多岐にわたります。特に世間が敏感なトピックに触れたり、差別的な表現を含んだりするとリスクが高まります。

近年、ビジネスにおいてSNSを積極的に活用する企業やクリエイターが増えています。しかしその一方で、SNS上での炎上リスクが増加している事実もあります。SNS上での炎上は、不適切な発言や意見の違いから起こることがあります。ChatGPTを活用して、投稿の内容からどのような反応を引き起こす可能性があるかを判定してみましょう。

You
以下の文章をSNSに投稿する予定です。
炎上の心配はありますか？

公式サイトにて新商品のラインナップが発表されました！
こちらは女性専用です。男性の方はご遠慮ください。
女性の美しさを引き立てるアイテムばかりですので、絶対にお見逃しなく！

さらに特典として、いずれかのアイテムをご購入いただいた方には、無料で美容相談サービスを提供します。
ただし、外見に自信のない方や容姿に自己評価が低い方は対象外です。
弊社のブランディングのため、ご理解の程よろしくお願いいたします。

ChatGPT
この文章には注意が必要です。一部の表現が他者を傷つける可能性があり、炎上の原因になるかもしれません。特に、「外見に自信のない方や容姿に自己評価が低い方は対象外」という表現は、多くの人に不快感を与える可能性があります。

改善の提案としては、より配慮深い表現を心がけ、全ての人に対して包

② 具体的な問題点と修正案を提示してもらう

判定結果を鵜呑みにしない

炎上リスクの判定は主観的であり、異なる意見や価値観が存在します。判定結果はあくまで予測であり、実際の反応はSNSのユーザー個々の判断に依存します。

炎上リスクの判定

ChatGPTは、人間の感情を理解することができません。そのため、ChatGPTから問題ないという判定が出た場合でも、必ず複数の人間に目を通してもらい、「この文章を読んでどんな気持ちになったか」を確認するようにしましょう。

炎上リスクがあると判定された場合は、具体的にどの部分に問題があるのか確認してみましょう。問題点を把握したあとは修正案を生成してもらったり、自身で修正した内容を再度判定してもらったりすると安心です。

You
具体的にどこに問題があるのか教えてください。

ChatGPT
投稿に潜在的な問題がある点を挙げると、以下のような要素があります：

1. **性別に基づく制限の表現：**
   - 「こちらは女性専用です。男性の方はご遠慮ください。」という表現は、性別に基づく制限を設けているため、一部の人に排他的に映る可能性があります。これは、ジェンダーに関する敏感な問題であり、不快感を引き起こす可能性があります。
2. **外見に対する差別的な表現：**
   - 「外見に自信のない方や容姿に自己評価が低い方は対象外です。」といった表現は、特定の外見に関する差別的なメッセージと受け取られる可能性があります。これは感受性の高いテーマであり、否定的な反応を引き起こす可能性があります。

You
問題点を把握できました。
それらを改善した修正案を考えてください。

ChatGPT
もちろんです。以下は改善案です：

公式サイトにて新商品のラインナップが発表されました！
こちらは女性向けアイテムですが、どなたでも歓迎です。
女性の美しさを引き立てるアイテムばかりですので、ぜひご覧ください！

さらに特典として、いずれかのアイテムをご購入いただいた方には、無料で美容相談サービスを提供します。
お客様一人一人に合わせたアドバイスを心掛けております。どんなご質問でもお気軽にお問い合わせください。
弊社のブランディングの一環として、皆さまに喜んでいただけることを願っています。どうぞよろしくお願いいたします。

Section

46 物語の続きを書いてもらおう

活用シーンとできること

- クリエイティブ
- 創作文
- 物語

ChatGPTは創造的な文章生成を得意としています。物語の続きを考えてほしいと指示すると、設定に基づいて物語を展開させてくれます。ありがちな設定の物語も、ChatGPTによって新しい視点の物語に生まれ変わるかもしれません。

1 物語の続きを書いてもらう

注意

ChatGPTは指示がないと何も生み出せない

ChatGPTは提示された情報に基づいて続きを生成します。物語の設定や登場人物などの情報がない場合、ゼロから物語を生成することはできません。

ChatGPTは、創造的な要素を取り入れた文章の生成もできます。自身で考案した物語の一部をChatGPTに提示すると、その物語の続きを考えてくれたり、展開を広げてくれたりします。物語の設定や登場人物、舞台、ラストの想定などといった情報を教えれば、それらに合わせた内容で物語が進行するよう続きを構築してくれます。

OZ **You**

以下の物語の続きを考えてください。
設定は次の通りです。

・主人公→高校生のあい
・家族→犬のクロス、猫のジョージ
・舞台→星がきれいな田舎

ある田舎町に住む高校生の少女の「あい」は、夏休みをのんびりと過ごしていました。彼女は、忠実な飼い犬の「クロス」と気ままな飼い猫の「ジョージ」の一人と二匹で暮らしています。
ある日、あいは友達たちとプールで楽しいひと時を過ごし、夕方には家に戻りました。庭でくつろぐ彼女を見つけたクロスとジョージは、尾を振って歓迎しました。

ChatGPT

あいは庭でのんびりと横になり、夏の風を感じながら雲の流れを眺めていました。クロスは彼女の傍らで寝そべり、ジョージは近くの木の枝に座り、まるで一緒に夏の風景を楽しんでいるかのようでした。

すると、あいの携帯電話が鳴りました。友達からのメッセージだった。「今晩、町の祭りがあるんだよ！ 花火もあるから一緒に行こう！」との誘いが届き、あいはワクワクして立ち上がりました。

そして、夜空には美しい花火が打ち上げられ、色とりどりの光が星空を彩りました。あいは友達と手をつなぎ、感動しながら花火を眺めていました。クロスとジョージも不思議そうに花火を見上げ、幸せそうな表情を見せていました。

祭りが終わり、あいはクロスとジョージを連れて家に戻りました。庭で仲良く寝そべりながら、あいは今日の思い出に浸りながら、満足そうに微笑みました。「クロス、ジョージ、今日は本当に楽しかったね。これからも一緒にいろんな冒険しようね。」そして、星がきれいな夜空の下で、あいは大切な家族と共に安らかな眠りについたのでした。

② 物語のジャンルを変更してもらう

注意

設定が変更される場合がある

物語の方向性を大幅に変更した場合、ChatGPTが物語の当初の設定を考慮せずに続きを生成する場合があります。変更したくない設定などは事前に伝えておきましょう。

物語のジャンルを指定すれば、与えた物語の設定や展開などの方向性を修正しつつ、続きを生成してくれます。ファンタジー、ロマンス、ミステリー、サスペンス、ホラー、SFなど、もとの物語とまったく異なるジャンルを指定してみると面白いでしょう。ChatGPTの豊かな発想により、自分では思い付かなかった新しい視点の物語が作られるかもしれません。

You
もとの物語をサスペンスに変更して、続きを考えてください。

ChatGPT
あいは夏休みをのんびりと過ごしていたが、ある日、友達とのプールでの楽しいひと時の後、家に戻ると庭でクロスとジョージが異変を感じているようだった。夕焼けの中、彼女は庭に立ち、どこからともなく聞こえる異音に気づいた。クロスは低い唸り声を上げ、ジョージも耳をすませるようにしていた。

その異音は、どこか遠くの田んぼから聞こえてくる不気味な囁きのようだった。あいは好奇心と警戒心を抱きながら、クロスとジョージに続いて田んぼ

次の瞬間、あいは奇妙な力を感じ、手のひらから星のような輝きが放たれた。彼女は驚きと興奮の中で、異世界の者たちと共に町を襲う何かに立ち向かう決意を固めた。

異世界の者たちと共に、あいは町を守るため夜ごとに戦い、次第にその力を成長させていった。しかし、彼女が知らない間に、その力には代償が伴っていることに気づく。そして、町を襲う脅威が次第に明らかになり、あいは大きな選択を迫られることになるのだった。

ChatGPTは思わぬ視点から物語を生成することもあります。

Section 47

商品のキャッチフレーズを再考してもらおう

活用シーンとできること

・クリエイティブ
・キャッチフレーズ
・商品紹介

新商品の宣伝には、魅力的なキャッチフレーズが不可欠です。一度作成したキャッチフレーズの再調整が必要な場合は、ChatGPTに案を求めてみましょう。商品の特徴やトレンドに応じた最適なキャッチフレーズを考案します。

1 キャッチフレーズを再考してもらう

新商品を宣伝する際には、その商品の魅力やブランドの印象を消費者に伝えるために、キャッチフレーズを考えることが重要です。「商品のキャッチフレーズを考えてみたけどしっくりこない」「特徴を強調するキャッチフレーズにしたい」といったときには、ChatGPTに再考を依頼してみましょう。ChatGPTは市場の変化やトレンドも把握しているため(2024年2月時点では2021年9月までの情報を学習)、ぴったりなフレーズが提案されるでしょう。

You
以下のキャッチフレーズを再考してください。
商品の特徴などは次の通りです。

・商品→靴下
・機能→特殊繊維によるあたため機能
・ターゲット→足元の冷えに悩む人
・強み→豊富なカラーバリエーション、性別を問わないデザイン

足元から温もり、冷え知らずのあたため靴下！
男女兼用で選ぶ楽しさ、豊富なカラーバリエーションでおしゃれも満足♪

ChatGPT
冷え知らず、スタイリッシュな足元へ！
特殊繊維で贈るあたため靴下。
豊富なカラーで楽しむ、男女兼用デザイン。

補足

商品のイメージをつかませる

ChatGPTから提案されたキャッチフレーズは、必ずしもターゲットやブランドのコンセプトと合致しているとは限りません。ChatGPTが商品のイメージを把握できるような情報を与えましょう。なお、世間にまだ公開していないような情報の入力には注意が必要です。

② 条件を変更して再考してもらう

補足

必須事項を伝える

必ず使用してほしいワードや指定の文字数などがあれば、事前にChatGPTに伝えておきましょう。

もし商品の売り出し期間やターゲットなどが変更になった場合、ChatGPTにその条件を伝えることで、改めてキャッチフレーズを再考してもらえます。ここでは季節の限定、ターゲットの絞り込み、ワードの指定を伝えたところ、キャッチフレーズを再調整することができました。

You
クリスマスシーズンに合わせたキャッチフレーズを再考してください。

ChatGPT
冬の寒さに負けない、心温まる足元へ。
特殊繊維のあたため靴下で、クリスマス気分を足元から満喫しよう！
豊富なカラーバリエーションで、プレゼントにも最適な温もりギフト♪

You
男女兼用の商品ですが、女性用の売り場に展示するPOPにキャッチフレーズを使いたいため、ターゲットを女性のみに絞ったキャッチフレーズを再考してください。
クリスマスに限らず、通年のキャッチフレーズです。

ChatGPT
冷え知らずの魔法、女性のためのあたため靴下。
特殊繊維で包み込む温もり、豊富なカラーバリエーションでファッションにもこだわりを。
足元からの嬉しいプレゼント、いつもの冷え対策に。

You
「温活」というワードを入れて再考してください。

ChatGPT
温もり×おしゃれ、女性のための温活靴下！
特殊繊維で冷え知らず、クリスマスも通年も心地よい温もりを。
豊富なカラーバリエーションで、足元からの温活を楽しもう♪

You
「カラーバリエーション」を「シックなカラー」や「大人っぽいカラー」に変更して再考してください。

ChatGPT
温もり×おしゃれ、女性のための温活靴下！

再考のし過ぎによってキャッチフレーズの本質を見失ってしまうこともあるので注意しましょう。

Section

48 自分の作品のこだわりをよりよい文章にまとめてもらおう

活用シーンとできること

・クリエイティブ
・文章の修正
・創作物の紹介

作品の魅力を伝えるためには、作品に込めたメッセージの言語化が大切です。ChatGPTに制作時のエピソードやこだわりを提示することで、紹介文を作成してもらえます。ChatGPTと協力して、作品の魅力を最大限にアピールしましょう。

1 作品のこだわりを伝える文章を考えてもらう

こだわりのポイントを伝える

ChatGPTに作品のこだわりのポイントを挙げて、それらが作品でどのように表現されているのかを詳細に説明しましょう。

発表会や展示会、ポートフォリオなど、自分の作品の魅力を多くの人に伝えるシーンでは、作品に対するこだわりやメッセージを言語化することが重要です。それが作品を見る人に伝われば、より作品への理解が深まり、共感を生むことができます。そのためには、言葉の選び方や表現力がポイントです。ChatGPTに自分の作品の紹介文を作ってもらうつもりで、こだわりをまとめてもらいましょう。

You
以下は、私の絵画作品のこだわりのポイントです。
作品にかけた思いが伝わるような文章にまとめてください。

・宇宙の神秘的で幻想的な世界を探求
・こわだりの色調（深いダークブルー、紫、黒といった色調）
・星々や輝く銀河がキャンバス上で光り輝くように配置
・見る人が宇宙に浮かぶかのような深いリラックスした感覚に陥ってほしい

ChatGPT
私の絵画は、宇宙の神秘的で幻想的な世界への深い探求を表現しています。キャンバス上に広がる宇宙の奥深さを感じ、その神秘的な美しさに触れることで、私の心の奥底に宿る思いを伝えたいと願っています。

宇宙自体が……しているかのような錯覚を生み出します。

最終的な目標は、作品を鑑賞する人が宇宙に浮かぶかのような深いリラックスした感覚に陥ってほしいという思いです。私の絵画は、観る者に宇宙の広がりと謎めいた美しさを感じさせ、同時に安らぎと癒しをもたらすような作品となっています。それぞれの要素が一体となり、私の思いが深く伝わるような作品を制作しています。

② ポイントを追加した文章に修正してもらう

こだわったポイントを追加したいときは、提案してもらった文章に組み込んでもらうよう指示します。また、作品への思いが十分に伝わる文章になっているか、さらに追加したほうがよいポイントがあるのかなどをChatGPTと一緒に追求していくことで、作品の魅力を最大限に引き立てることができるでしょう。

You

こだわりのポイントに以下を追加して、再度文章をまとめてください。

・発光塗料を使用して暗闇でさらなる幻想的な印象を持たせるようにした

ChatGPT

私の絵画作品は、宇宙の神秘的で幻想的な世界への深い探求を表現しています。色彩においては、私がこだわり抜いた「こわだり」な色調が、深いダークブルー、紫、黒などを通じて宇宙の謎めいた美を際立たせています。

その中で、さらなる幻想的な印象を追求するために発光塗料を使用しました。これによって、暗闇において作品が光り輝く様子が、観る者に不思議で夢幻的な感覚をもたらします。キャンバス上の星々や輝く銀河が、暗闇に浮かび上がり、宇宙の深淵に触れるような体験を提供しています。

You

作品の魅力をより強く伝えるために、追加したほうがいい文章や項目はありますか？

ChatGPT

作品の魅力をより強く伝えるために、以下の要素や表現を追加すると良いでしょう：

1. **感情の表現：** 作品が生み出す感情や雰囲気に焦点を当てることが重要です。作品が持つ静寂、神秘、あるいは希望のような感情を言葉で表現し、観る者にその感動を共有させましょう。
2. **アーティストのメッセージ：** 作品が伝えるメッセージやアーティスト自身の思いに触れる文章を追加することで、観る者とのコミュニケーションが深まります。作品に込めた独自の意味やインスピレーションについて語り、観る者に共感を呼び起こすことができます。
3. **独自性と革新性：** 作品が他にはない独自のアプローチや革新的な要素を強調しましょう。例えば、使用した材料や技法において他とは異な

見てくれる人に作品のよさが伝わる文章になるまで、根気強くまとめてもらいましょう。

Section

49 デザインの配色案を出してもらおう

活用シーンとできること

・クリエイティブ
・デザイン
・配色案

色は製品やサービスの印象に重要な影響を与える要素です。ChatGPTに配色案を相談し、対象物の特徴やイメージに合う最適な色を提案してもらいましょう。希望に合わせて組み合わせを調整してもらうことも可能です。

1 デザインの配色案を出してもらう

新たな配色案を再提示してもらう

提案された配色案が気に入らない場合でも、具体的なイメージを伝えることで、新たな配色案を再び提案してくれます。

Webサイト、広告、イラスト、ファッション、製品パッケージなど、印象を左右するビジュアル要素は数多く存在します。その中でも特に重要な要素の1つである色が与える印象は、ブランドやメッセージの魅力に直結するともいえます。
自分の創作物の配色選びに悩んだときは、ChatGPTに配色案を出してもらうよう依頼しましょう。ChatGPTに対象の特徴やイメージなどの情報を伝えることで、最適なカラーの組み合わせを提案してもらえます。

You
個人のWebサイトをリニューアルしたいと考えています。
以下の情報から、新しいサイトデザインの配色を3色1セットの組み合わせで3つ考えてください。

・サイトの内容→食を楽しむ情報サイト
・読者層→30代以上の男女
・サイトのイメージ→明るくあたたかい
・配色の希望→濃い色ではなく淡い色

ChatGPT
新しいサイトデザインのための3色1セットの組み合わせを考えます。30代以上の男女向けの食を楽しむ情報サイトで、イメージは明るくあたたかいです。また、淡い色を希望されています。

1. **ペールミント + ペールピンク + ライトグレー**
   - ペールミント: 清涼感と爽やかさを加え、食欲を促進する効果があります。
   - ペールピンク: 柔らかくあたたかみをもたらし、読者に親しみやすい雰囲気を醸し出します。

② 似た配色案やカラーコードを出してもらう

解説

カラーコードとは

「カラーコード」は、色をデジタルで表現するための符号です。通常、16進数で表され、赤、緑、青の3つの色成分を組み合わせて特定の色を定義します。たとえば、#FF0000は赤色を表し、#00FF00は緑色、#0000FFは青色を示します。

ChatGPTが提案してくれた組み合わせの中に好みのものがあれば、それに近しい配色をさらに出してもらいましょう。また、デジタルで使用するカラーコードを教えてもらうこともできます。

You
「ペールミント＋ペールピンク＋ライトグレー」が好みです。
これに近い配色案をあと3つ考えてください。

ChatGPT
「ペールミント＋ペールピンク＋ライトグレー」が好みであるとのことですね。以下に、それに近い雰囲気の別の3つの配色案を提案します。

1. **ペールブルー＋ペールローズ＋ライトグレー**
   - ペールブルー: 爽やかで穏やかな雰囲気を醸し出します。
   - ペールローズ: 優雅で柔らかな印象を与え、読者に親しみを感じさせます。

   - ライトグレー: 落ち着いた雰囲気を保ちつつ、他の色を引き立てます。
3. **ラベンダーグレー＋ペールピンク＋ライトグレー**
   - ラベンダーグレー: 穏やかで上品な雰囲気を醸し出し、読者にくつろぎを提供します。
   - ペールピンク: 温かさと親しみやすさを加え、サイトの魅力を引き立てます。
   - ライトグレー: 落ち着いたトーンで統一感をもたらし、配色を調和させます。

You
「ラベンダーグレー＋ペールピンク＋ライトグレー」にしようと思います。
それぞれのカラーコードを教えてください。

ChatGPT
素敵な選択です！以下に、提案された「ラベンダーグレー＋ペールピンク＋ライトグレー」のカラーコードを示します。

1. **ラベンダーグレー**
   - HEX: #C4B8D9
   - RGB: (196, 184, 217)
   - CMYK: (10, 15, 0, 15)
2. **ペールピンク**
   - HEX: #F7DAD9
   - RGB: (247, 218, 217)
   - CMYK: (0, 12, 12, 3)
3. **ライトグレー**

製品やサービスに合った適切な配色を提案してもらいましょう。

Section

50 ブレインストーミングをして創造的なアイデアを生み出そう

活用シーンとできること

- クリエイティブ
- ブレインストーミング
- アイデア出し

多様なアイデアを引き出すプロセスであるブレインストーミングを、ChatGPTと行ってみましょう。ChatGPTに対しても具体的な問いかけや刺激を与えることで、よりクリエイティブなアイデアを引き出せる可能性があります。

1 ブレインストーミングでアイデアをもらう

解説

ブレインストーミングとは

「ブレインストーミング」は、グループで創造的な問題解決やアイデアの発想を促進するための手法の1つです。アイデアの自由な発想と評価を奨励し、参加者が制約や批判を気にせずにアイデアを提案できるようにします。ほかのメンバーの発言にも刺激を受け、異なる発想を組み合わせてより革新的なアイデアを生み出すことが期待されます。

よいアイデアを生み出すために有効な手法として、複数人で意見を出し合うブレインストーミングが挙げられます。ブレインストーミングでは質よりも数を重視し、とにかくたくさんのアイデアを出すことがポイントです。ChatGPTに多くのアイデアを求めてみましょう。

You

ハンドメイド作品のネーミングに悩んでいます。
一緒にブレインストーミングをしてアイデアを出し合いたいです。

この作品の最大の魅力は色使いです。
海には深い青とターコイズ、太陽の光を反映するゴールドやシルバーを使用しています。
さらに透明なレジンでリアルな水中感を出し、ミニチュアの貝殻、砂、小さな宝石やビーズを組み合わせ、砂浜やサンゴ礁を表現しました。

ChatGPT

素晴らしいハンドメイド作品の説明ですね！色使いやディテールにこだわりが感じられます。以下は、ハンドメイド作品のネーミングのアイデアです。気に入るものがあれば使ってみてください。

1. 「深海幻想」
2. 「輝くサンゴの夢」

9. 「青い

10. 「アンダーザシー・シンフォニー」
11. 「幻想的な海の輝き」
12. 「シルバーサンダー・ショア」
13. 「ビーチファンタジア」
14. 「サファイアブルー・トレジャー」
15. 「幻想の海底散歩」

② アイデアをアップデートする

否定的な発言はしない

ブレインストーミング中は否定的な発言を避け、アイデアを奨励し合うことが重要です。アイデアのフローを阻害しないよう心掛けましょう。

お互いの意見にフィードバックを送り合い、アイデアをさらに展開させていきます。対話を深めることで、より具体的で洗練されたアイデアが生まれるでしょう。ブレインストーミングの終了後、まとまったアイデアを再度ブレインストーミングで掘り下げてみても面白いかもしれません。
ChatGPTの創造力に限界はなく、決して枯れることはありません。納得できるまで無限にアイデアを出してもらいましょう。

You
「輝くサンゴの夢」と「シーライト・メルヘン」が気に入りました。
もう少しフェミニンな印象にしたいです。
「マーメイド」というワードを入れるのはどうですか？

ChatGPT
素敵なチョイスですね！「マーメイド」を取り入れるのは素晴らしいアイデアです。フェミニンで夢幻的な印象を強調するために、以下のようなネーミングをご提案します。

1. **「マーメイド・サンゴの幻想」**
2. **「シーライト・マーメイドの夢」**
3. **「輝くマーメイドのサンゴ庭園」**
4. **「マーメイド・ジュエリーの海」**
5. **「マーメイド・シーライト・メルヘン」**
6. **「サンゴの夢、マーメイドの輝き」**

8. **「マーメイド・トレジャー・サンゴの調べ」**
9. **「輝くマーメイドの秘密の海」**
10. **「マーメイド・サンゴの響き」**

これらのネームが、作品の優雅でフェミニンな雰囲気を引き立ててくれるかもしれません。お好みに合うものがあれば、ぜひご利用ください！

ChatGPTが生み出すアイデアは無限大です。アイデアのストックにも活用できます。

You
素敵なラインナップです。
「マーメイド・ジュエリーの海」が気に入りました。

ChatGPT
素敵な選択です！「マーメイド・ジュエリーの海」は、フェミニンで夢幻的な印象を醸し出す素敵なネームですね。お気に入りいただけて嬉しいです。作品がこれからもたくさんの人々に愛されることを願っています。制作や展示など、素晴らしい活動を続けてくださいね！何か他にもお手伝いできることがあればお知らせください。

Section

51 定番のコーディネートに過去の流行を取り入れてもらおう

活用シーンとできること

・プライベート
・コーディネート
・流行

ChatGPTはさまざまな世代のトレンドを学習しているため、新しいファッションの可能性を追求し、斬新なコーディネートを提案してくれます。通常では考えられない組み合わせを依頼し、ユニークなアイデアを生み出してもらいましょう。

1 コーディネートに過去の流行を取り入れてもらう

ChatGPTは、過去に流行したファッション、言葉、サービス、製品などのトレンドも学習しているため(2024年2月時点では2021年9月までの情報を学習)、コーディネートを提案してもらうことができます。ここでは、新しいファッションの可能性を見つけることを目的に、定番のコーディネートに過去の流行を取り入れてもらうよう依頼してみます。

You
以下は、今日のコーディネートです。
ここに80年代の流行したアイテムを取り入れたいので、アイデアをください。

・トップス→袖口や襟元にレースやフリルのディテールがあるブラウス
・ボトムス→デニム素材のワイドパンツ
・シューズ→白いスニーカー
・アクセサリー→大ぶりなゴールドのピアスとネックレス

ChatGPT
素敵な80年代のコーディネートですね！以下はアイデアです。

1. **ヘアスタイルとメイクアップ:**
   - ビッグなウェーブやカールを取り入れたヘアスタイルが80年代らしいで

6. **バッグ:**
   - 小さめのハンドバッグやショルダーバッグも80年代らしいアクセントになります。明るい色合いやメタリックな素材がおすすめです。
7. **ジャケット:**
   - 外出時には、肩に掛けるジャケットやデニムジャケットなど、80年代らしいアウターをプラスすると良いでしょう。

補足

サブカルチャーも取り入れる

特定の時代のトレンドだけでなく、サブカルチャーに焦点を当ててみても、面白いコーディネートが生まれるかもしれません。たとえば、「50～60年代のロックミュージックの影響を受けたコーディネートを取り入れてほしい」といったリクエストができます。

② より斬新なコーディネートを提案してもらう

補足

アイテムやポイントを指定する

具体的なアイテムやスタイリングのポイントを指定すると、よりクリエイティブで面白い提案を期待できます。

補足

スタイリストになってもらう

ChatGPTは役になりきることが得意です。ファッションに特化したスタイリストの役目を与えると、プロフェッショナルな視点でコーディネートを提案してくれるかもしれません。

あえて斬新なコーディネートを提案してもらいたいときには、「50代男性のコーディネートに90年代のコギャルの流行を取り入れてほしい」「夏のコーディネートに過去の冬に流行したアイテムを取り入れてほしい」などといった、通常では考えられないような組み合わせを依頼してみましょう。従来の枠にとらわれない斬新なコーディネートが生まれるかもしれません。

You

私は50代男性です。
以下のコーディネートに90年代に流行ったコギャルのポップでギラギラなカラフルアイテムを取り入れてください。

・トップス→ストライプのワイシャツ
・ボトムス→スラックス
・シューズ→革靴

ChatGPT

面白いコーディネートの提案ですね。90年代のコギャルの要素を取り入れつつ、50代の男性らしさも保ちつつ調和させましょう。以下は、トップス、ボトムス、シューズのアイテムを90年代風にアレンジしたコーディネートの一例です。

1. トップス: ストライプのワイシャツ
   - 90年代のコギャルスタイルに合わせて、鮮やかでカラフルなストライプ柄のワイシャツを選びましょう。色合いは明るく、ポップでギラギラ感の

柄のワイシャツを選びましょう。色合いは明るく、ポップでギラギラ感の
あるものがおすすめです。
2. ボトムス: スラックス
   - クラシックなスラックスを選び、カジュアルさを演出するためにカラフルで遊び心のある色合いを選ぶか、裾にストライプや刺繍などのディテールが施されたものを選ぶと良いでしょう。
3. シューズ: 革靴
   - カジュアルな要素を加えるために、90年代風のデザインやカラーリングがされた革靴を選びましょう。例えば、ホワイトソールやカラフルなステッチが施されたものがおしゃれです。

その他のアクセサリーや小物で、90年代のポップな雰囲気を強調することもできます。例えば、カラフルなサングラスや帽子、ワッペン付きのバッグなどが挙げられます。一方で、全体のバランスを取るために、シンプルで落ち着いたアイテムも組み合わせて、50代の落ち着きとトレンディな雰囲気を同時に演出するのがポイントです。

Section

52 あなたの運勢を告げる専属占い師になってもらおう

活用シーンとできること

・プライベート
・運勢
・占い

ChatGPTはさまざまな占術を使用して運勢を占うことができます。ChatGPTはAIであり、占いの結果はあくまでプログラムによって生成されるものですが、娯楽の1つとして十分に楽しめるでしょう。

1 運勢を教えてもらう

ChatGPTは、ユーザーのプロフィールや質問に基づいて運勢を占うことができます。星座占い、血液型占い、夢占い、数秘術、風水など、さまざまな占術に対応しており、テレビや雑誌とはまた違った洞察を受けられるかもしれません。なお、占いの結果に科学的な根拠はありません。あくまでエンターテインメントとして楽しみましょう。

You
あなたは私専属の占い師です。
今日の私の運勢を占ってください。

・誕生日→1992年3月13日
・星座→うお座
・血液型→A型

ChatGPT
もちろん、あなたの運勢を占いますね。ただし、占いはあくまでエンターテインメントの一環であり、真剣な信じるべき情報ではありませんので、あくまで楽しみとして受け取ってください。

今日のあなたの運勢は、ポジティブなエネルギーに恵まれています。感情のバランスが整い、自分自身や他人とのコミュニケーションがスムーズに進むでしょう。また、直感力が高まっており、大事な決断や行動をする際には、自分の内なる声に耳を傾けてみてください。

仕事や学業においても、集中力が高まり、新しいアイデアやプロジェクトに取り組むのに適した日です。他の人との協力やチームワークも重要なポイントとなりますので、積極的にコミュニケーションをとってみてください。

健康面では、リラックスやストレッチなど、身体と心にケアをすることが大切です。バランスの取れた食事や良質な睡眠も心がけましょう。

注意

占いの結果を鵜呑みにしない

占いの結果を信じるかどうかは個々の自由ですが、人生の決定や重要な判断にChatGPTを使用することはやめましょう。結果を行動に反映するときは、冷静かつ客観的な判断が重要です。

② 占いのスタイルを指定する

注意

画像が必要な占いはできない

ChatGPTでは、手相や顔相といった画像が必要となるような繊細な占いはできません。手の皺や顔のパーツを詳細に伝えることで占ってくれる場合もありますが、信ぴょう性に欠けると考えたほうがよいでしょう。

ChatGPTに占いのスタイルを指定することも可能で、さまざまな占術に対応したり、指定した役になりきってくれたりします。たとえば普段あまりなじみのない占いを経験したいという場合は、「珍しい占い方法で占ってほしい」と指示すると、海外の伝統的な手法で占ってくれます。よい結果だけではなく悪い結果も聞きたいという場合は、「毒舌占い師になりきって占ってほしい」と指示すると、厳しくもユーモアのある助言が得られるかもしれません。

You
珍しい占術で占ってほしいです。

ChatGPT
もちろんです！珍しい占術として、タロットカード占いを試してみましょう。以下は、あなたのためのタロットカードの占いです。

今回は、3枚のカードを引いてみます。各カードが過去、現在、未来を象徴しています。

1. 過去のカード: 逆位置の「ハングマン」
   - 過去には一時的な困難や試練がありました。しかし、それらの経験はあなたを成長させ、新しい視点を得る手助けとなりました。
2. 現在のカード: 「エース・オブ・カップス」
   - 現在は新しい感情や愛情の始まりがあります。心に豊かさや喜びが広がり、積極的に感情を表現することで、周りとのつながりが深まるでしょう。

You
毒舌占い師になりきって占ってほしいです。

ChatGPT
ああ、どうも。まあ、占いってのはね、科学的根拠なんてないし、信じるか信じないかはお前次第だろうけどな。でもまあ、頼んでくれたんなら、一応やってやるよ。

今のお前の運勢か？うーん、なんかさ、ちょっと厳しそうだな。まず第一に、お前、最近の言動がちょっと問題だろう？人とのコミュニケーションに気をつけなよ。あと、お金のこともな。節約してないと後悔することになるかもしれないぜ。

恋愛に関してはなんだろうな、ちょっと冷めてる感じがするけど、でもそこを気にしないで好きな感じでいいんじゃないか？相手に対して素直になってみろよ。ただし、うるさい奴には我慢の限界がくるかもしれんからな。

ChatGPTの占いは科学的根拠に乏しいため、あくまで遊びの一環と考えましょう。

Section

53 プレゼントの案を考えてもらって特別な日を祝福しよう

活用シーンとできること

・プライベート
・プレゼント
・シチュエーション

特別な日の贈り物の選定に、ChatGPTの力を借りてみましょう。贈る相手の趣味嗜好など把握していれば、より具体的な提案をしてもらえます。また、シチュエーションのプランニングをしてもらうことも可能です。

1 プレゼントの案を出してもらう

注意

個人情報は入力しない

ChatGPTにプレゼントやプランについての説明する際、プレゼントを贈る相手の個人情報やプライバシーを侵害するようなことは入力してはいけません。

誕生日や記念日など、特別な日には大切な人に心温まるプレゼントを贈りたいものです。お祝いするシーンや相手の好みを考慮した選定がポイントになりますが、ときにはアイデアが枯渇してしまうこともあります。そこで、ChatGPTにプレゼント選びを手伝ってもらうことをおすすめします。相手の趣味やイメージに合うかも考えながら提案されたアイデアを深めて、心から喜んでもらえるプレゼントを追求してみましょう。

You
友人へ贈る就職祝いのプレゼントの案をください。
食べることが好きな人なので、食べ物にしようと思っています。

ChatGPT
友人が食べることが好きなので、美味しい食べ物のプレゼントは素晴らしいアイディアですね。以下は、就職祝いにぴったりの食べ物のプレゼントのアイディアです。

1. **高級なチョコレートセット:**
   豪華で美味しいチョコレートセットは、お祝いの気分を高める素敵な贈り物です。高品質なチョコレートブランドやアートフルなチョコレートボックスが良い選択肢となります。
2. **特製ケーキ:**
   就職祝いに特製のケーキを贈ると、喜ばれることでしょう。お好みのフレーバーやテーマに合わせて、洗練されたケーキを選ぶと良いですね。
3. **グルメギフトバスケット:**
   美味しい食べ物の詰め合わせを楽しむことができるグルメギフトバスケットは、さまざまな味覚を楽しむことができます。チーズ、ワイン、クラッカー、ジャムなどが入ったセットが人気です。
4. **和菓子セット:**

You
「チョコレートセット」にしようと思います。
おすすめのチョコレートを教えてください。

ChatGPT
素敵な選択ですね！高級で美味しいチョコレートを贈ることで、友人はきっと喜んでくれるでしょう。以下は、おすすめのチョコレートブランドやセットをいくつか挙げてみます。

1. **ゴディバ (Godiva):**
ゴディバは世界的に有名な高級チョコレートブランドで、豊富なフレーバーと洗練されたデザインが特徴です。トリュフやプラリネ、キャラメルなど、様々な種類のチョコレートがセットになった商品があります。

② プレゼントを渡すシチュエーションを考えてもらう

補足

プレゼントは贈り手の気持ちが大切

ChatGPTはあくまでアイデアの提供や助言のためのツールです。祝福の気持ちがしっかりと伝わるよう、最終的な選択や決定は贈り手である自身で行いましょう。

こだわりのプレゼントが決まったら、次は渡し方にも工夫を凝らしてみましょう。ChatGPTにプレゼントを渡す日のプランを伝えると、適切なタイミングやシチュエーションを検討してくれます。相手の心に残るシーンを演出し、特別な日を祝福しましょう。

You
次はプレゼントを渡すシチュエーションやタイミングを考えてほしいです。
以下は、当日のプランです。

・お昼→横浜中華街でランチ
・夕方→山下公園を散策
・夜→みなとみらいでクルージングディナー

ChatGPT
素敵な一日のプランですね！友人へのプレゼントを渡すシチュエーションやタイミングを考えましょう。

1. **ランチの後 - 横浜中華街:**
ランチの後、横浜中華街でのお散歩や買い物の際に、友人にプレゼントを渡すのが良いでしょう。中華街の雰囲気に合った場所で、お互いの笑顔とともに贈り物を手渡すことができます。
2. **山下公園での散策:**
山下公園では、景色や風景が美しい場所です。散策中に、友人に就職祝いのプレゼントを手渡すことができます。公園の中庭やベンチで、ゆったりとした雰囲気でプレゼントを贈ると良いでしょう。
3. **クルージングディナーの前 - みなとみらい:**
クルージングディナーの前に、みなとみらいエリアでの時間を活用してプレゼントを渡すのも素敵なアイディアです。夜景が綺麗な場所で、友人にお祝いの気持ちを伝えることができます。

Section
54 複雑なパスワードを作ってもらってセキュリティ対策をしよう

活用シーンとできること

・プライベート
・パスワード
・セキュリティ対策

デジタル時代では、セキュリティの重要性は増すばかりです。ChatGPTに協力してもらい、個人情報、機密情報、サービスのアカウント情報などを第三者から守るための複雑なパスワードを考えましょう。

1 パスワードの作成方法を提示してもらう

近年、デジタル化に伴う環境の変化により、セキュリティの重要性がますます高まっています。個人情報、機密情報、サービスのアカウント情報などを保護するためには、強力で複雑なパスワードの設定が不可欠です。しかし、多くの人がかんたんなパスワードや同じパスワードを複数のサービスで使用しているため、セキュリティの脆弱性が生じることがあります。そこで、ChatGPTに複雑で安全なパスワードを考えてもらいましょう。まずは、どのようなパスワードが適しているかをChatGPTに確認します。

You
SNSのアカウントに使用するパスワードを考えています。
強力で安全なパスワードを作成するためのポイントを教えてください。

ChatGPT
強力で安全なパスワードを作成するためには、以下のポイントを考慮すると良いです。注意深く選び、定期的に変更することも大切です。

1. **長さを重視する:**
パスワードの長さが増すほど、解読が難しくなります。できるだけ長いパスワードを作成するよう心がけましょう。
2. **複雑な文字を使用する:**
大文字、小文字、数字、特殊文字を組み合わせることで、パスワードをより複雑にし、攻撃者の難易度を上げることができます。
3. **個人的な情報を避ける:**
誕生日や名前、簡単に推測できる情報を避け、他の人があなたのパスワードを予測しにくくしましょう。
4. **辞書ワードを避ける:**
一般的な言葉や辞書に載っている単語は避け、推測されにくい組み合わせを使います。

ChatGPTは予測されにくいランダムな文字列も生成できます。

② ダミー情報でパスワードを作成してもらう

補足

生成されたパスワードは参考程度にとどめる

ChatGPTが生成したパスワードは、必ずしも安全とは限りません。あくまで文字列の組み合わせなどを参考にする程度にしましょう。

パスワードに使用したい情報をChatGPTに伝えて、推測されにくい複雑なパスワードを生成してもらうこともできます。ただし、実際のパスワードに利用する情報は伝えず、代わりにダミーの情報を与えることが重要です。また、生成されたパスワードはそのまま使用するのではなく、必ず改変を行いましょう。
さらに、ChatGPTはパスワードの安全な管理方法も教えてくれます。

You
以下のダミー情報を組み込んで、推測されにくい複雑なパスワードを考えてください。
記号は使わないでください。

・思い入れのある日→11月1日
・好きな飲み物→Coffee
・好きな香り→Citrus
・ペットの名前→Choco

ChatGPT
以下は、提供されたダミー情報を元にして、推測されにくい複雑なパスワードの例です。ここでは記号を使用せず、文字と数字の組み合わせを利用しています。

```
11CoffCitr1usChoco1
```

注意

パスワードは定期的に変更する

パスワードは定期的に変更を行い、セキュリティを維持することが重要です。

You
パスワードを紙で管理するときのポイントを教えてください。

ChatGPT
パスワードを紙で管理する際には、セキュリティを確保するために以下のポイントに注意することが重要です。

1. **物理的なセキュリティ:**
   - パスワードが書かれた紙を安全な場所に保管してください。防火金庫やロッカーなど、他人がアクセスしにくい場所が望ましいです。
2. **アクセス制御:**
   - パスワードを知っている人を限定し、信頼できる人だけがアクセスできるようにします。不必要な人には知られないようにしましょう。
3. **暗号化:**
   - パスワードが書かれた紙を暗号化することで、万が一物理的に紙が盗まれた場合でも、パスワードが直ちに利用されることを防げます。

Section

55 フィットネスメニューを作ってもらって健康的な生活をサポートしてもらおう

活用シーンとできること

・プライベート
・健康
・フィットネス

健康志向が高まる昨今、生活を見直したり新しいことを取り入れたりしたいと考える人も多いでしょう。ChatGPTに自分専用のフィットネスメニューの作成を依頼すれば、体も心も健康的な生活を目指すことができます。

1 フィットネスメニューを作成してもらう

補足

無理なく実践できるメニューにする

提案されたフィットネスメニューを日常生活に組み込む前には、必ず自身の体に合っているかどうかの確認が必要です。また、身体的制限などがあればあらかじめ伝えておくことが大切です。体調やスケジュールに影響を及ぼさない内容を提案してもらいましょう。

テレワークなどのライフスタイルの変化により、これまで以上に健康的な生活を送ることが重要視されています。テレビや雑誌でも多くの健康特集が組まれ、さまざまなフィットネスメニューが紹介されていますが、それが必ずしも自分の体に合ったものとは限りません。
そこで、ChatGPTに自分の健康状態や目標に合わせた唯一無二のフィットネスメニューを作成してもらいましょう。ChatGPTに身体的な情報や目標、食事や運動の運動の好みなどを伝えると、最適なメニューを提案してくれます。

You

最近運動不足なので、以下の情報をもとに一か月分のフィットネスメニューを考えてもらいたいです。

・運動は好きですが腰に持病があります。
・食事は肉より魚が好きで野菜は苦手です。
・朝は時間がないので運動はできません。
・運動不足を解消しつつ体重を2kg落としたいです。

ChatGPT

了解しました。以下は、腰に持病があり、朝は時間がなく、肉よりも魚が好きで野菜が苦手な方のための一か月分のフィットネスメニューの提案です。ただし、具体的な状態や医師の指示によっては、運動プログラムが制限される可能性があるため、医師と相談の上で実施してください。

週1回目標: 体重を減らす

1. **月曜日: ウォーキング**
   - 30分の軽いウォーキング
   - 腰への負担を最小限にするため、平坦な場所を選んでください。
2. **水曜日: フィットネスビデオ（腰にやさしいもの）**

② 進捗を報告してフィードバックをもらう

報告内容は具体的にする

進捗や結果を報告する際は、具体的な数値や感想を含めることで、ChatGPTからより効果的なフィードバックを受けられます。

自分の健康状態をChatGPTに知ってもらい、最適なメニューを作ってもらいましょう。

フィットネスメニューを日常生活に取り入れたら、進捗をChatGPTに報告しましょう。よい結果が得られた場合は、新しいメニューを追加してもらうこともできます。逆にうまくいかない点や不具合があれば、メニューの改善をリクエストしてみましょう。

You
提案してもらったフィットネスメニューを始めて一週間が経ちました。
運動がとても楽しく、体重は順調に落ちています。
ただ食事の量が足りないので、食事の量を増やすか間食をOKにしてほしいです。

ChatGPT
素晴らしい進捗ですね！運動が楽しくなり、体重も順調に減っているのは素晴らしいニュースです。

食事の量が足りないと感じられた場合、食事の量を調整することは大切です。また、間食も取り入れることでエネルギー摂取が増え、栄養のバランスを取りやすくなります。以下に、食事量を増やし、間食を取り入れるアドバイスをいくつか挙げます。

食事の量を増やすアドバイス:

1. **食事の回数を増やす:**
   - 1回の食事の量を減らして、1日の食事回数を増やすことで、食事量が増えます。例えば、5～6回の小さな食事に分けて摂るように心掛けましょう。
2. **食事に加える:**
   - ご飯やパン、ポテトなどの炭水化物を増やすことで、エネルギー摂取が増えます。しかし、バランスの取れた食事を心掛け、過剰な炭水化物の摂取には注意してください。
3. **プロテインの摂取を増やす:**
   - 魚や鶏肉、卵、豆腐などのプロテイン源を増やすことで、満腹感を得つつ、筋肉のサポートもできます。

間食のアドバイス:

1. **健康なスナックを選ぶ:**
   - ナッツや種子、ヨーグルト、果物、チーズなど、栄養価の高いスナックを選びましょう。
2. **間食のタイミング:**
   - 運動の前後や、食事の間隔が長い時に適度な量のスナックを摂ることで、エネルギーレベルを維持できます。
3. **水分補給:**
   - 水分も忘れずに摂ることで、満腹感を得やすくなります。

③ 心の健康もサポートするフィットネスメニューを考えてもらう

専門家の意見も重要

ChatGPTは、人間の感情を理解することができません。ChatGPTが質問者の悩みを的確に把握することは不可能といえます。そのため、ChatGPTのメンタルサポートが必ずしも悩みの解消につながるとはいい切れません。必要に応じて専門家の意見や助言も参考にし、ChatGPTの提案と照らし合わせることが賢明です。

健康的な生活は体だけでなく、心の健康も欠かせません。制限のあるフィットネスメニューを実践してストレスが蓄積すると、体調不良の原因となることがあります。ChatGPTにフィットネスメニューを作成してもらう際に、メンタルヘルスにも焦点を当ててもらいましょう。ストレスの原因や頻度、リラックスできる趣味、睡眠の質や量などの情報を伝えることで、心の健康も重視したフィットネスメニューを提案してくれます。心と体の両面からアプローチすることで、より健康的な生活を目指しましょう。

You

最近運動不足なので、以下の情報をもとに3日間のフィットネスメニューを考えてもらいたいです。
また、心の健康もサポートしてほしいです。

・運動は好きですが腰に持病があります。
・食事は肉より魚が好きで野菜は苦手です。
・人間関係のストレスを抱えています。
・好きなアーティストの音楽を聴くとリラックスできます。
・睡眠が浅いのが悩みで、数時間に一回起きてしまいます。

ChatGPT

あなたの情報を考慮して、運動メニューと心の健康をサポートするアドバイスを含む3日間のフィットネスプランを提案します。ただし、腰の持病に注意しつつ、無理なく行うように心がけてください。また、医師と相談してからプランを実施することをおすすめします。

Day 1: 有酸素運動とストレッチ

1. **ウォーキング:**
   - 20分の軽いウォーキング。腰に負担がかかりにくい速度で行う。
2. **ストレッチ:**

心の健康サポートのアドバイス:

- **ストレス解消:**
  - 毎日少なくとも15分間は、好きな音楽を聴きながらリラックスする時間を作る。
  - ストレスの原因を洗い出し、できるだけ解消できるように努力する。
- **睡眠改善:**
  - 寝る前にカフェインや刺激物を避け、静かでリラックスした環境を整える。
  - 眠りが浅くなるのを防ぐために、寝る前にスマートフォンやパソコンの使用を控える。

第 5 章

ChatGPTやそのほかのAIを便利に活用しよう

Section
56 プロンプトをChatGPT自身に改良してもらおう

ここで学ぶこと
- プロンプトの改良
- プロンプトエンジニアリング

ChatGPTをはじめとする言語モデルを使った文章生成AIに、希望通りの文章を生成してもらうためには、プロンプトがいかに的確かどうかが重要になります。プロンプトについてもChatGPTにアドバイスしてもらうことが可能です。

1 プロンプトの重要性

補足

段階的に質問する

プロンプトエンジニアリングには、「段階的に質問する」という方法もあります。同一のチャットルームでやり取りした内容は記憶されているため、かんたんな内容の質問から段階的に難しく、要点を押さえた質問に変化させていくことでも、精度の高い回答が得られるようになります。

ChatGPTなどの言語モデルを利用した文章生成AIに対して、希望する出力を得るためにプロンプトを工夫することを、「プロンプトエンジニアリング」といいます（62ページ参照）。プロンプトエンジニアリングには、具体的で明確な指示をすること、例を示して説明すること、重要な情報を強調することといった方法があります。これまで紹介した「○○文字以内で答えて」「例を○○個出して」とった指示も、プロンプトエンジニアリングの1つです。

You
2人分の夕食を作ります。冷蔵庫に玉ねぎとキャベツがあるため、これらを使った体が温まるレシピを5つ考えてください。

ChatGPT
玉ねぎとキャベツを使った体を温めるレシピを5つご紹介します。各レシピは4人分の分量で記載していますので、2人分に合わせて調整してください。

1. **キャベツロール**
   - 材料:

…：2個
     - キャベツ（みじん切り）：1/2個
     - しょうゆ：3大さじ
   - 作り方:
     5.1. 鶏もも肉を炒め、玉ねぎとキャベツを加えて炒め続けます。
     5.2. ご飯を加え、しょうゆで味付けして炒めたてのチャーハンが完成です。

② プロンプトの改良を依頼する

ChatGPT自身にプロンプトを評価し、改良してもらうことができます。希望する回答がなかなか得られないときは、ChatGPTにプロンプトを評価してもらいましょう。もとのプロンプトと一緒に「プロンプトを評価して」や「プロンプトを改良して」といった指示が有効です。

You

「靴下商品のキャッチフレーズを考えてください」というプロンプトをChatGPTに送ったのですが、意図した回答が得られませんでした。
このプロンプトを評価してください。その評価をもとに改良したプロンプトを提示してください。

ChatGPT

プロンプトの改善に関連して、4人家族向けのキャッチフレーズを考えることはできます。例えば、「温かい家族の足元を守る、4人分の快適な靴下」といったアプローチが考えられます。それに基づいて、具体的なテーマやキーワードを追加すると、より具体的な回答が得られるかもしれません。例えば、「冬の寒さに負けない、4人家族のための暖かい靴下！」といった感じです。このように、追加の情報を提供いただくことで、より適切な回答が期待できます。

You

「コーディネートのアイディアをください」というプロンプトをChatGPTに送ったのですが、想定していた回答が得られませんでした。
このプロンプトを評価してください。その評価をもとに改良したプロンプトを提示してください。

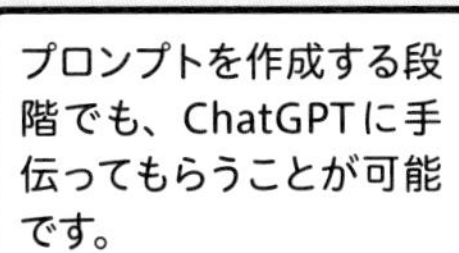

プロンプトを作成する段階でも、ChatGPTに手伝ってもらうことが可能です。

ChatGPT

このプロンプトは非常に一般的で具体性がないため、理想的な回答を得るのが難しいかもしれません。改善のためには、コーディネートに関する特定の情報を追加してみることが良いでしょう。以下は改善したプロンプトの例です：

改善後のプロンプト:
「4人家族での夏のピクニックに適したコーディネートのアイディアを教えてください。男性、女性、大人の子供、… 服装や色の … か？」

このように具体的なシチュエーションや条件を追加することで、より具体的で実用的なアイディアを得ることができるでしょう。

Section

57 質問内容を学習されないようにしよう

ここで学ぶこと

- 学習機能
- Chat history&training

初期設定のまま使用している場合、ChatGPTに送信したプロンプトは学習データとして言語モデルの改善に利用可能の状態になっています。利用されたくないときは、学習機能をオフにしましょう。

1 ChatGPTの学習機能とは

注意

学習機能をオフにするとチャットルームは表示されない

チャットの履歴は残らず、サイドバーにも表示されません。

ChatGPTは、高度かつ自然な文章を生成する能力を持った生成AIです。この能力はChatGPTを利用している人のプロンプトや回答への反応といったやり取りから得た学習のためであり、いわば利用者がChatGPTを育てている状態です。しかし、ビジネスやプライベートの場面でChatGPTを利用したいというときは、学習してほしくない内容がプロンプトに含まれる場合があります。学習されたくないときは、学習機能をオフにしましょう。

2 学習機能をオフにする

1 トップ画面左下のアカウント名をクリックし、

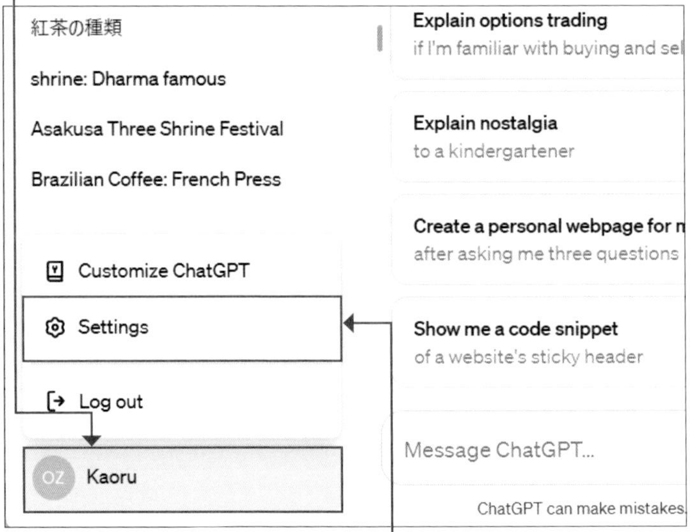

紅茶の種類
shrine: Dharma famous
Asakusa Three Shrine Festival
Brazilian Coffee: French Press
Customize ChatGPT
Settings
Log out
Kaoru
Explain options trading
if I'm familiar with buying and sel
Explain nostalgia
to a kindergartener
Create a personal webpage for m
after asking me three questions
Show me a code snippet
of a website's sticky header
Message ChatGPT...
ChatGPT can make mistakes.

2 ［Settings］をクリックします。

3 ［Data controls］をクリックします。

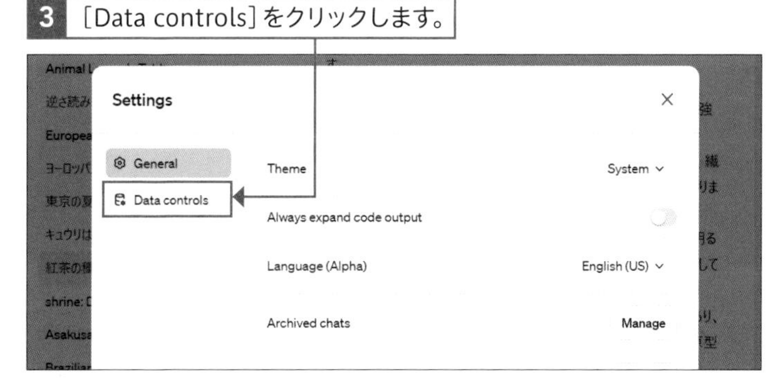

4 「Chat history & training」の をクリックします。

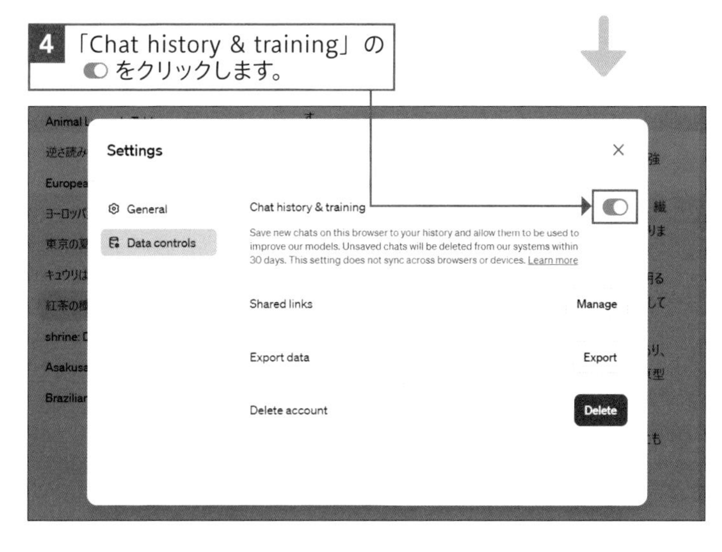

5 学習機能がオフになり、サイドバーに「Chat History is off for this browser.」と表示されます。

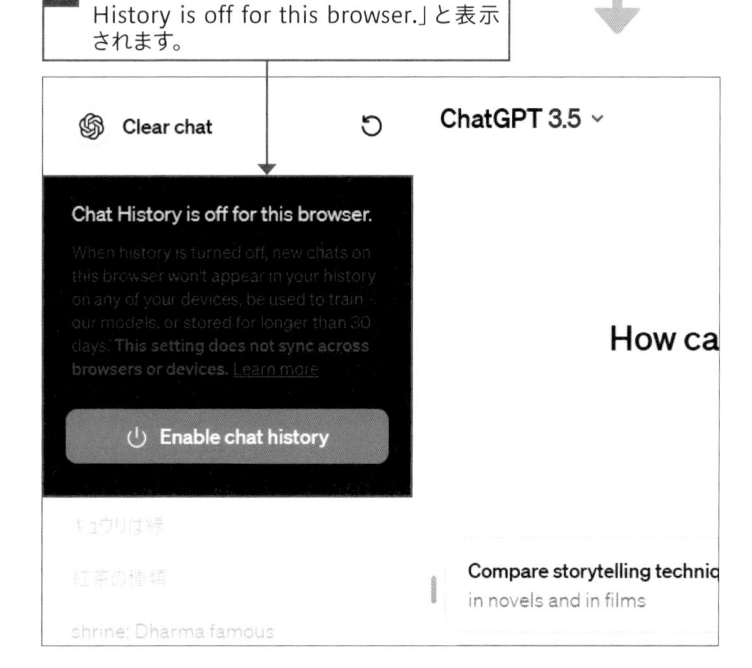

学習機能をオンにする

手順**5**の画面で［Enable chat history］をクリックすると、学習機能がオンになります。

Section

58 ChatGPTの使い勝手をよくしよう

ここで学ぶこと

- ChatGPTの設定
- 日本語表示
- カスタム指示

ChatGPTでは、学習機能のオフ（140ページ参照）以外にもさまざまな設定の変更ができます。設定を自分好みにカスタマイズして、ChatGPTの使い勝手を向上させましょう。

1 画面を日本語表示に切り替える

1 140ページ手順1～2を参考に「Settings」画面を表示し、「Language (Alpha)」に表示されている言語（ここでは［English (US)］）をクリックして、

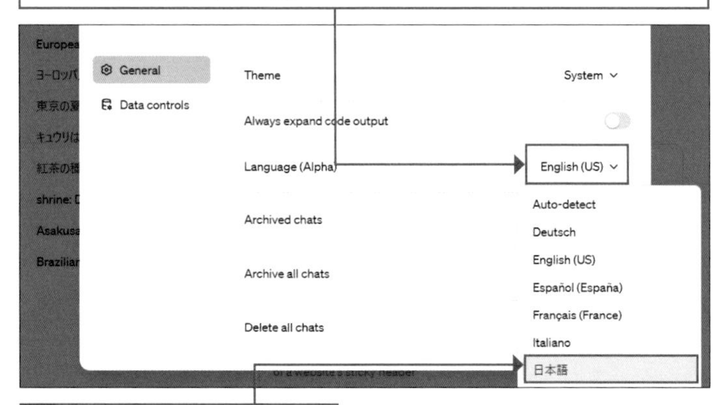

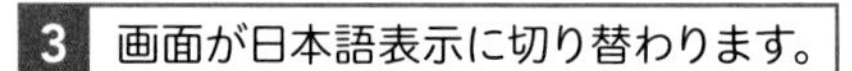
2 ［日本語］をクリックします。

3 画面が日本語表示に切り替わります。

補足

そのほかの表示言語

画面の表示言語は日本語以外にも、ドイツ語、英語、スペイン語、フランス語、イタリア語、ポルトガル語、ロシア語、中国語（中国、台湾）への切り替えが可能です。

補足

画面をダークモードに切り替える

手順1の画面で［Theme］の［System］をクリックし、［Dark］をクリックすると、画面がダークモードに切り替わります。ライトモードに切り替える場合は、［Light］をクリックします。

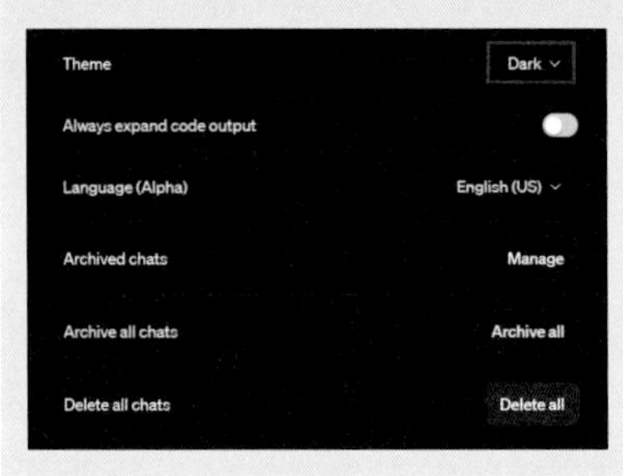

② カスタム指示を利用する

補足

カスタム指示とは

「カスタム指示」は、ユーザーが設定した要望や好みがすべての会話に反映される機能です。ChatGPTはその設定を踏まえたうえでの回答を生成するため、ユーザーは前提条件を毎回入力する必要がなくなります。「What would you like ChatGPT to know about you to provide better responses?」と「How would you like ChatGPT to respond?」には、箇条書きで条件を入力することも可能です。

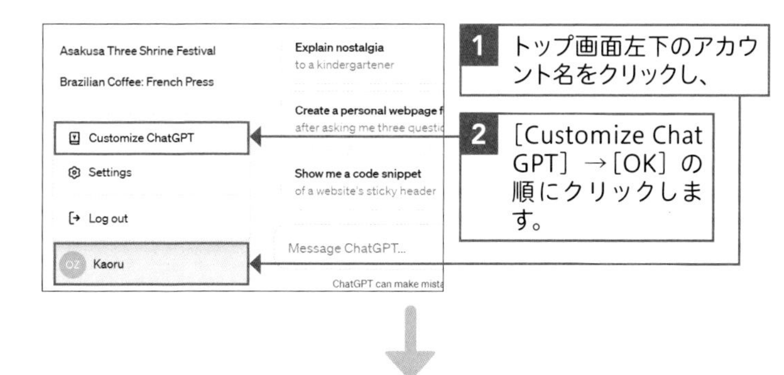

1 トップ画面左下のアカウント名をクリックし、

2 [Customize ChatGPT]→[OK]の順にクリックします。

3 「What would you like ChatGPT to know about you to provide better responses?」に「事前に知っておいてもらいたいこと」を入力し、「How would you like ChatGPT to respond?」に「どのように回答してもらいたいか」を入力したら、

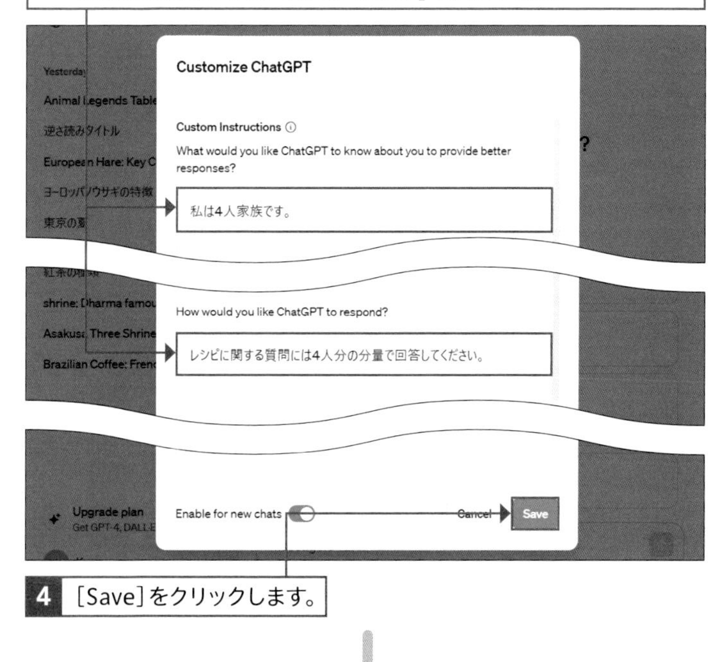

4 [Save]をクリックします。

5 以降は、カスタム指示の内容が反映された回答が生成されるようになります。

You
寒い日にぴったりな鶏肉のレシピを教えてください。

ChatGPT
寒い日にぴったりな鶏肉のレシピとして、鶏肉の煮込みがおすすめです。
以下は4人分の分量です：

たとえば「4人家族」であることを事前に知ってもらっていれば、レシピを質問したときに4人前の分量でレシピが作成されます。

Section

59 ChatGPTの拡張機能を導入してみよう

ここで学ぶこと

- Google Chrome
- 拡張機能
- プラグイン

Google Chromeの拡張機能(プラグイン)には、ChatGPTと連携させて便利に利用できるものがあります。ここで紹介する拡張機能はどれも無料で利用できるので、まずは試しに導入してみましょう。

1 ChatGPTの拡張機能

注意

使うときだけオンにする

「WebChatGPT」は、すべてのプロンプトに対してインターネット検索を行って回答を生成するようになるため、たとえば「おはよう」など挨拶を送信すると、挨拶の語句についての解説が生成されるといった挙動となってしまいます。機能を利用しないときは、画面下の「Web access」をオフにしておきましょう。

Press / to open the commands menu
1-click prompts
Web access
Advanced
ChatGPT can make mistakes. Consider checking important information.

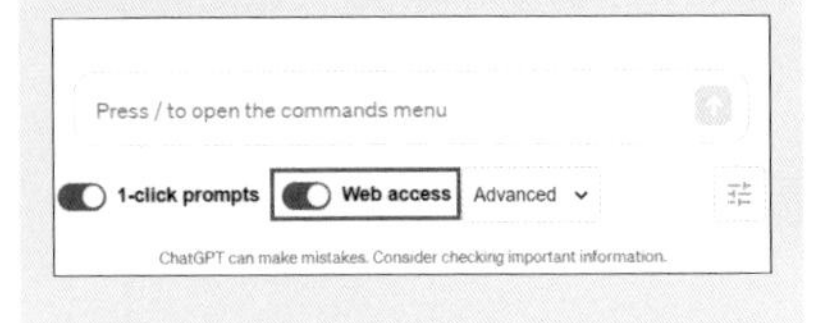

Google Chromeに拡張機能を導入するは、始めに「Chrome ウェブストア」(https://chromewebstore.google.com/)にアクセスし、画面右上の検索フィールドに拡張機能名を入力して検索します。該当する拡張機能をクリックし、移動先の画面右上に表示されている[Chromeに追加]→[拡張機能を追加]の順にクリックするとGoogle Chromeに導入されます。

WebChatGPT

2024年2月時点、ChatGPTは事前学習が行われた2021年9月までの情報にしか対応できませんが、この拡張機能を利用することで、リアルタイムにインターネットで検索した結果を参照URLを添えて、回答を生成するようになります。

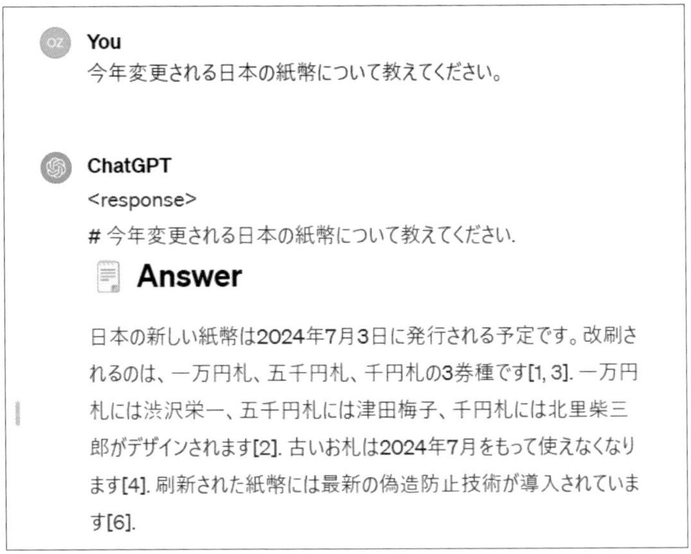

You
今年変更される日本の紙幣について教えてください。
ChatGPT
<response>
今年変更される日本の紙幣について教えてください.
Answer
日本の新しい紙幣は2024年7月3日に発行される予定です。改刷されるのは、一万円札、五千円札、千円札の3券種です[1, 3]. 一万円札には渋沢栄一、五千円札には津田梅子、千円札には北里柴三郎がデザインされます[2]. 古いお札は2024年7月をもって使えなくなります[4]. 刷新された紙幣には最新の偽造防止技術が導入されています[6].

ほかの検索エンジンでも利用可能

「ChatGPT for Google」は、Googleだけなく、Bing、DuckDuckGoなどの検索エンジンでも利用できます。

要約が英語で生成される場合

「YouTube Summary with ChatGPT & Claude」での要約文が英語で生成されてしまう場合は、動画再生画面で文字起こしを行わせる前に[Transcript & Summary]の右にある⚙をクリックし、「Language」を[日本語]に設定します。

ChatGPT for Google

Google検索の結果画面の右側に、ChatGPTでの回答も表示する拡張機能です。検索エンジンのインターフェースの中で、簡潔で正確な回答を得ることができます。回答はコピーや共有ができるほか、大きなウィンドウでの表示や再生成も可能です。

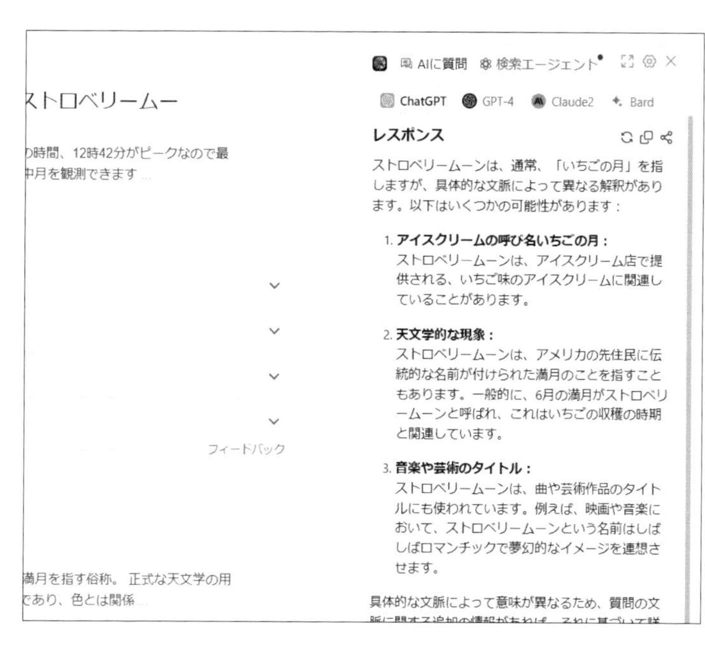

YouTube Summary with ChatGPT & Claude

YouTubeの動画再生画面で[Transcript & Summary]をクリックすると、文字起こしを自動的に実行できる拡張機能です。また、をクリックするとChatGPTが表示され、動画の内容を5つの箇条書きで要約します。

Superpower ChatGPT

チャットの履歴を検索したり、フォルダ分けして整理して表示したりすることができます。また、すべての履歴を一括でパソコン内にテキスト形式などで保存することも可能です。

Sider

Webサイト閲覧時にサードバーでChatGPTが使える拡張機能です。Webサイト内の語句を選択して［これを説明］をクリックすると、解説文が生成されたり、右下のをクリックすると、サイトの内容を要約したりします。

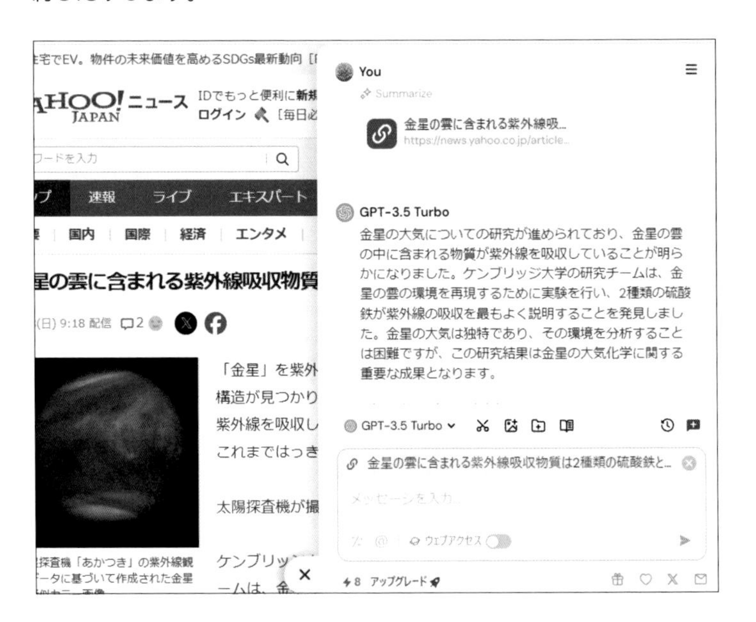

補足

［Enable Superpower］をクリックする

「Superpower ChatGPT」を導入後、最初に表示されるウィンドウの［Enable Superpower］をクリックすると、機能が使えるようになります。

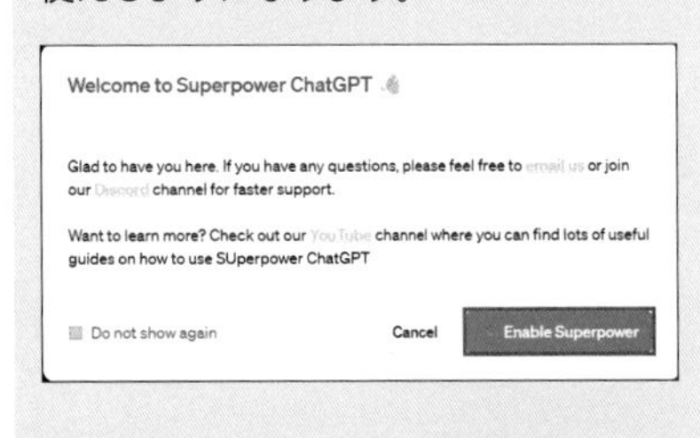

補足

「Sider」は1日30回まで無料

「Sider」は、1日30回まで無料でやり取りをすることができます。頻繁に利用する場合は、1か月に3,000回までやり取りができる有料プラン（月額10ドル）なども用意されていますが、まずは無料版で試してみましょう。

返信メールのサンプル文を作成する

受信したメール内容を「ChatGPT Writer」の「Email context」に貼り付けて[Generate Email]をクリックすると、返信に適したサンプル文が作成されます。

ChatGPT Writer

Gmailのメール文を作成したり誤字脱字を修正したりできる拡張機能です。メール作成画面のをクリックし、「Briefly enter what do you want to email」に作成したいメールの内容を入力して[Generate Email]をクリックすると、メールのサンプル文が作成されます。

ChatGPTとの会話を楽しむ

「Voice Control for ChatGPT」は音声で対話できるため、文字だけのやり取り以上に対話を楽しめるできるでしょう。また、英語での出入力にも対応しており、英会話の練習をするなどの用途でも利用できます。

Voice Control for ChatGPT

ChatGPTに音声で指示を出したり、ChatGPTからの回答を音声で出力したりできる拡張機能です。ChatGPTのプロンプトを入力するフィールドに表示されるをクリックすると、パソコンのマイクを使用してプロンプトを音声入力できます。をクリックしてプロンプトを送信すると、生成された回答が読み上げられます。

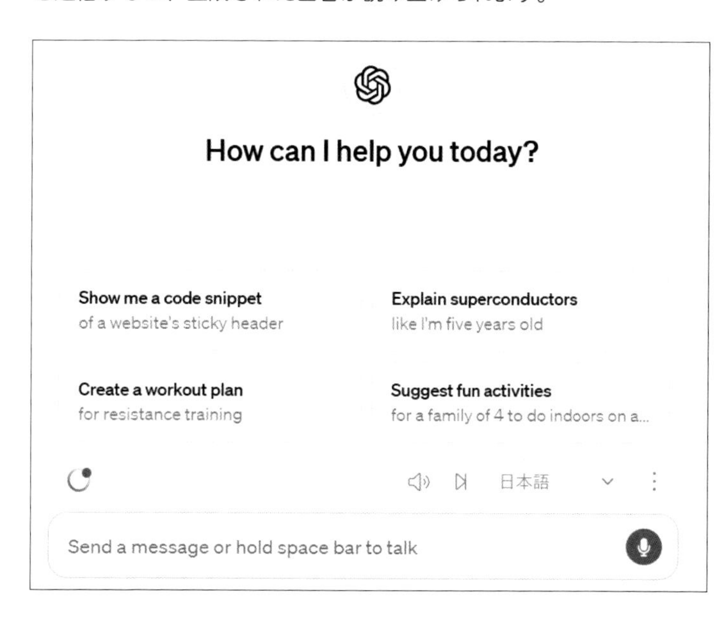

Section
60 有料プランのChatGPTを使ってみよう

ここで学ぶこと

- ChatGPT Plus
- GPT-4
- Upgrade to Plus

月額20ドルで利用できる「ChatGPT Plus」では、GPT-4の言語モデルが利用でき、無料プランより多くのメリットが享受できます（27ページ参照）。無料プランに物足りなくなってきたら、検討してもよいでしょう。

1 有料プランのChatGPTにアップグレードする

補足

［Upgrade plan］から申し込む

トップ画面左下のアカウント名の上にある［Upgrade plan］をクリックすることでも、手順**3**の画面が表示されアップグレードができます。

Upgrade plan
Get GPT-4, DALL·E, and more
Kaoru
Create a personal webpage
Show me a code snippet
Message ChatGPT...

補足

年払いで申し込む

手順**3**の画面で、［Billed annually］をオンにして［Upgrade to Plus］をクリックすると、年払いでの申し込みができます。年払いは月払いに比べ、40ドル安く利用が可能です。

1 トップ画面で［ChatGPT3.5］をクリックし、

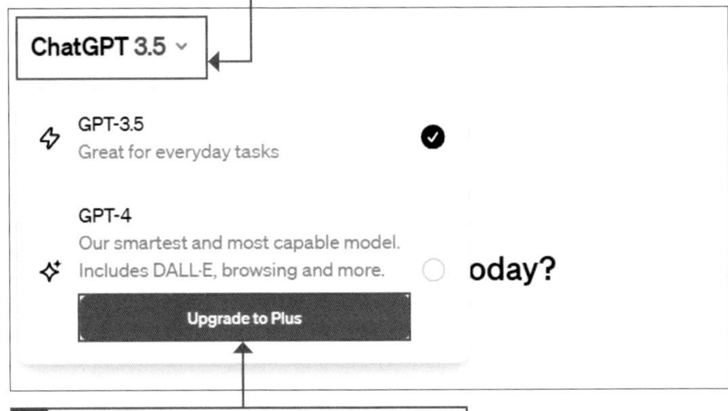

2 ［Upgrade to Plus］をクリックします。

3 「Upgrade your plan」画面が表示されます。

4 「Plus」の［Upgrade to Plus］をクリックします。

解説

「情報を安全に保存して～」の項目

画面下部にある「情報を安全に保存して、次回以降の購入をワンクリックで行う」のチェック項目は、任意での設定なので、オンにする必要はありません。このチェックボックスをオンにすると、電話番号認証の登録などが行われ、今後OpenAIを始めとする「Link」サービスに対応する決済をスムーズに行うことができるようになります。

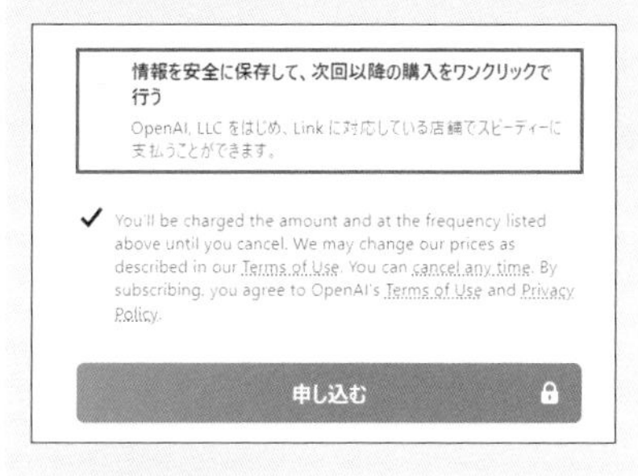

補足

有料プランを解約する

ChatGPT Plusを解約して無料プランに戻したい場合は、トップ画面左下のアカウント名→[My plan]の順にクリックし、「Upgrade your plan」画面で左列「Plus」の下部にある[Manage my subscription]→[プランをキャンセル]→[プランをキャンセル]の順にクリックします。

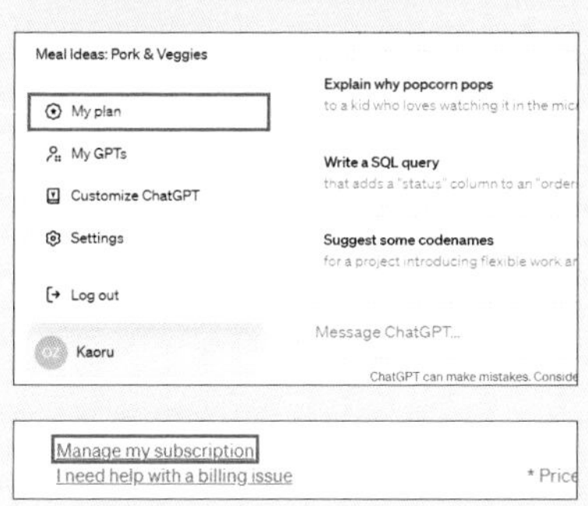

5 支払い画面が表示されます。

6 「支払い方法」の「カード情報」「カード保有者の名前」「請求書の住所」を入力し、

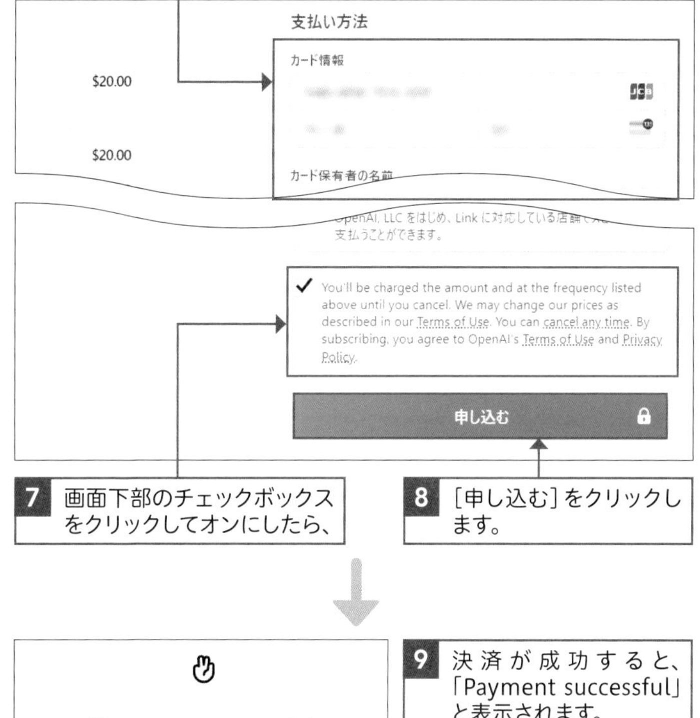

7 画面下部のチェックボックスをクリックしてオンにしたら、

8 [申し込む]をクリックします。

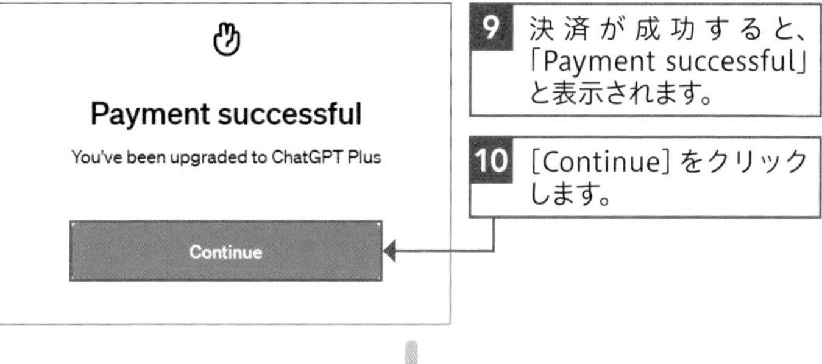

9 決済が成功すると、「Payment successful」と表示されます。

10 [Continue]をクリックします。

11 トップ画面が表示されます。

12 [ChatGPT3.5]をクリックし、

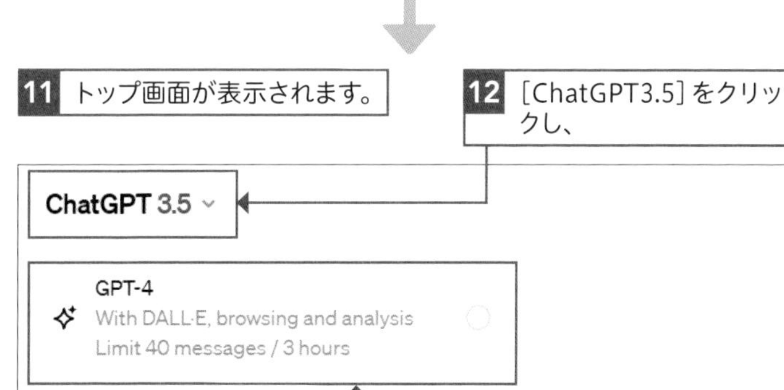

13 [GPT-4]をクリックすると、有料プランのChatGPTが利用できます。

Section 61

ChatGPT以外の文章生成AIを知ろう

ここで学ぶこと

- 文章生成AI
- Google Gemini
- Microsoft Copilot

ChatGPTのほかにも、文章を生成するAIが数多くあります。それぞれ特徴があるため、シーンごとに使い分けるのもよいでしょう。ここでは、3つの文章生成AIを紹介します。

1 ChatGPT以外の文章を生成するAI

Copilotは画像も生成できる

Microsoft Copilotは、文章だけでなく画像を生成することもできます。キーワードとともに、「画像を作って」といったプロンプトを送ると、キーワードに基づいた画像が数点生成されます。

Microsoft Copilot

「Microsoft Copilot」は、Microsoftが提供する対話型の文章生成AIです。Microsoft 365 Copilotは、Microsoft 365と連携できるため、ビジネスの面で活躍します。ChatGPTとの違いは会話のスタイルを選択できる点です。プロンプトを送る前に、[より創造的に][よりバランスよく][より厳密に]をクリックしてスタイルを選択しましょう。

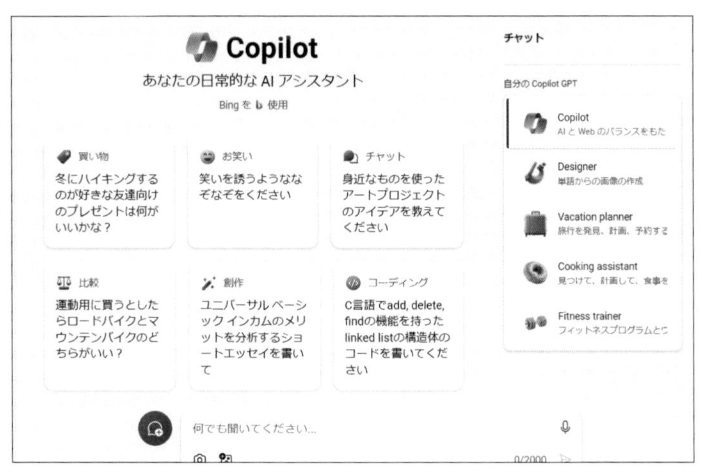

https://copilot.microsoft.com/

Windowsには Copilotが組み込まれている

2023年12月より、WindowsにCopilotが組み込まれた「Copilot in Windows」の提供が開始され、パソコンの使用中にいつでもCopilotを呼び出して、作業の補助ツールとして活用できるようになりました。また、Windowsの標準ブラウザのMicrosoft Edgeでも、画面右上の をクリックすることで、Webサイト閲覧時にもCopilotを利用できます。

Geminiの言語モデル

Google Geminiに搭載されている言語モデルは、「Gemini Nano」、「Gemini Pro」、「Gemini Ultra」の3つです。無料プランで利用できるのは「Gemini Nano」で、上位モデルの利用には有料プランへの加入が必要です。

Google Gemini（旧Bard）

「Google Gemini」は、Googleが開発した対話型の文章生成AIです。2024年2月に「Bard」から「Gemini」に改名されました。Googleの検索サービスが連携されているため、プロンプトに対して、膨大なデータから正確かつ最新の回答を生成してもらうことができます。また、「Gemini」シリーズの言語モデルを使用しており、自然なやり取りが可能です。ほかにも、画像を送信して文章を生成できるなど（ベータ版）、豊富な機能が搭載されています。

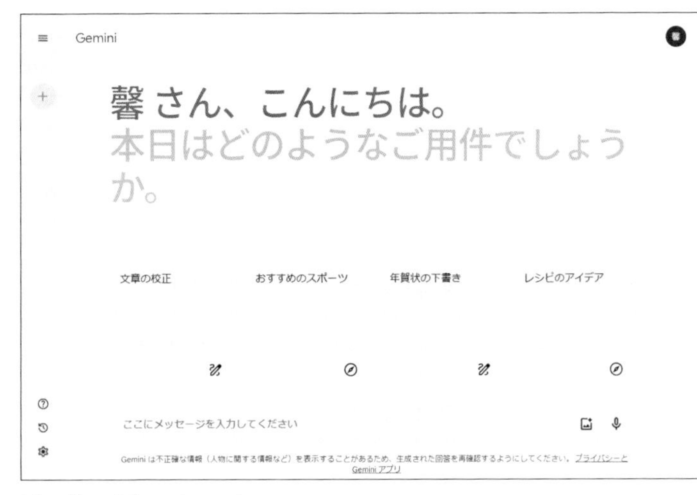

https://gemini.google.com/app

Notion AI

「Notion AI」は、多機能クラウドツール「Notion」上で利用できるアシスタント型の文章生成AIです。文章や表の生成、アイディアの提案などができ、チェックボックスの付いたTo Doリストも作成できます。なお、利用には月額料金がかかります。

https://www.notion.so/ja-jp/product/ai

Section

62 画像を生成するAIを知ろう

ここで学ぶこと

・画像生成AI
・イラスト生成AI

入力したテキストから画像やイラストを生成するツールを、「画像生成AI」または「イラスト生成AI」と呼びます。ビジネスでも、プレゼンテーション用のスライドに画像を使いたいといった場面で活躍します。

1 画像を生成するAI

Midjourney

「Midjourney」は、チャットアプリ「Discord」からプロンプトを送ることで画像を生成できるAIサービスです。2022年9月にはMidjourneyで生成したイラストがアメリカの美術品評会で1位をとり、話題となりました。

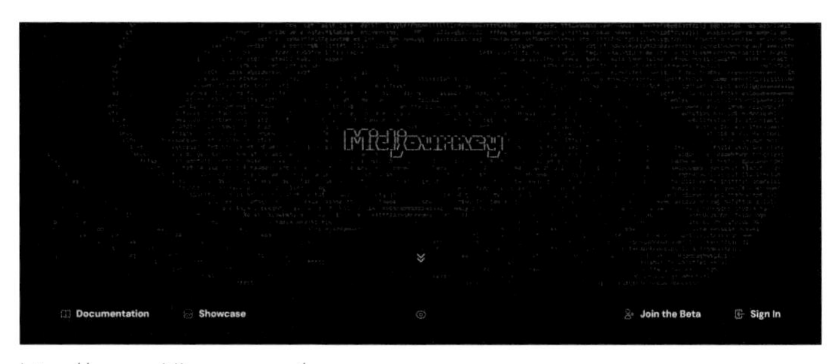

https://www.midjourney.com/

Imagen

「Imagen」は、Google AIが開発した画像生成AIです。まだ、一般ユーザーへ向けた提供はされていませんが、画像の精度の高さから注目を集めています。

https://imagen.research.google/

それぞれのAIに合ったプロンプトを作る

それぞれの生成AIには、適切なプロンプトがあります。プロンプトの言語は日本語なのか英語なのか、チャット形式で送るのか単語で送るのかなどです。精度の高い画像を生成してもらうためにも、その生成AIの正しいプロンプトを事前に調べましょう。

ChatGPTで画像生成AIのプロンプトを作成する

画像生成AIの多くは英語でプロンプトを入力する必要があります。88ページを参考にChatGPTにプロンプトジェネレーターになってもらい、クオリティの高い画像を生成しましょう。

② イラストを生成するAI

補足

開発段階のものが多い

画像やイラストの生成AIは開発段階のものが多いです。無料で体験できるツールも提供されているため、試しながら続報を待ちましょう。

補足

DALL・Eシリーズの最新版を利用する

2023年9月に、DALL・Eシリーズの最新版である「DALL·E 3」がリリースされました。DALL·E 2よりも高い理解力を持ち、より正確で創造的なイラストが生成できると話題になっています。DALL·E 3の利用にはChatGPTの有料プランに加入する必要がありますが、Microsoftのアカウントを所有している場合は「Image Creator」を使用してDALL・E 3を体験できます。

Stable Diffusion

「Stable Diffusion」は、Stability AIによって開発されたイラスト生成AIです。英単語とカンマを使ったプロンプトが特徴で、英単語をもとにイラストや写真のような画像が生成されます。

https://ja.stability.ai/stable-diffusion

DALL·E 2

「DALL·E 2」は、OpenAIによって開発されたイラスト生成AIです。クリエイティブな画像を生成できる点が特徴です。生成したイラストを再編集することができ、希望するイラストに段階的に近付けていくことが可能です。

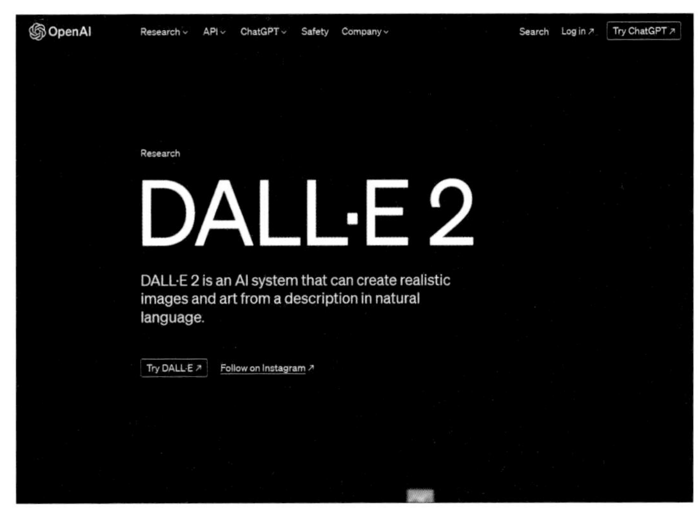

https://openai.com/dall-e-2

Section

63 スマートフォンでChatGPTを使ってみよう

ここで学ぶこと

・スマートフォン
・ログイン
・チャット

iPhone、AndroidでもChatGPTの利用が可能です。パソコンで作成したChatGPTのアカウントでスマートフォンアプリにログインし、手軽にChatGPTを楽しみましょう。

1 ChatGPTのアプリにログインする

補足

Androidの場合

AndroidでChatGPTを利用する場合は、Playストアで「ChatGPT」アプリを検索し、[インストール]をタップします。ログインの手順は基本的にiPhoneと同様です。

補足

ChatGPTのアカウントを作成する

スマートフォンでChatGPTのアカウントを作成する場合は、Appl ID、Googleアカウント、メールアドレスのいずれかの情報を使用します。手順2の画面で利用するアカウントをタップし、画面の指示に従ってアカウントを作成しましょう。

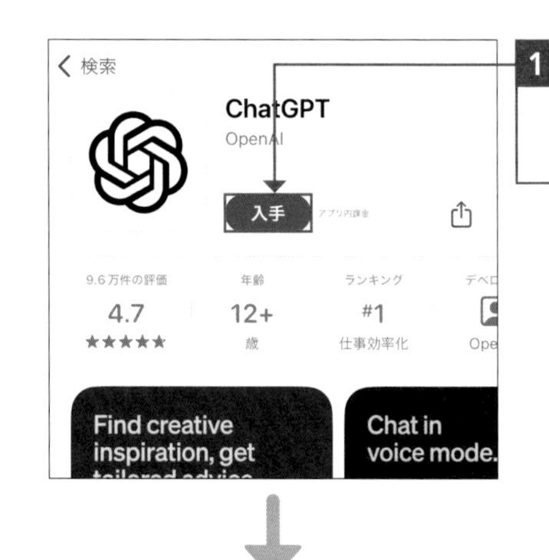

1 iPhoneのApp Storeで「ChatGPT」アプリを検索し、[入手]をタップしてインストールします。

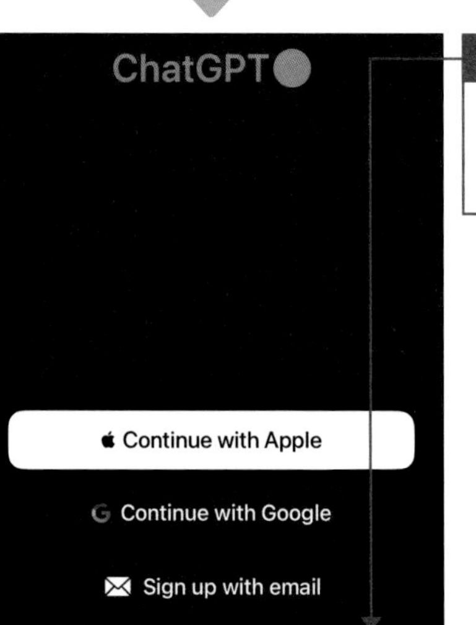

2 ここでは登録済みのChatGPTのアカウントを使用してログインします。画面下部の[Log in]をタップします。

外部サービスのアカウントを使用してログインする

Googleアカウント、Microsoftアカウント、Apple IDのいずれかの情報を使用してChatGPTのアカウントを作成した場合、手順3の画面下部の[Googleで続ける][Microsoft Accountで続ける][Appleで続ける]のいずれかをタップし、画面の指示に従ってログインしましょう。

パスワードを忘れた場合

ChatGPTのアカウントのパスワードを忘れた場合、手順5の画面で[パスワードをお忘れですか?]をタップします。登録したメールアドレスにパスワードをリセットする手順が送信されるので、メールの指示に従ってパスワードをリセットしてログインします。

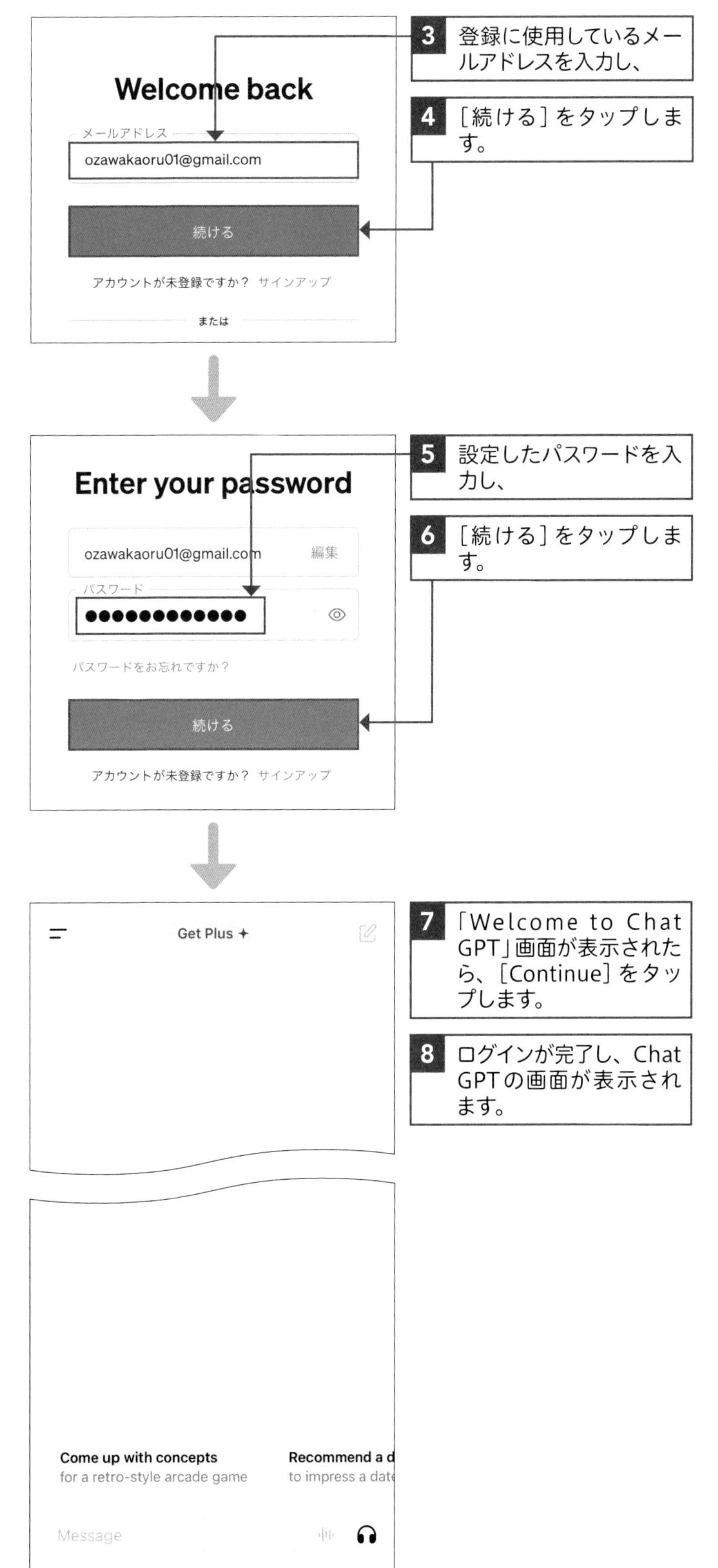

3 登録に使用しているメールアドレスを入力し、

4 [続ける]をタップします。

5 設定したパスワードを入力し、

6 [続ける]をタップします。

7 「Welcome to ChatGPT」画面が表示されたら、[Continue]をタップします。

8 ログインが完了し、ChatGPTの画面が表示されます。

② アプリでチャットを利用する

解説

音声入力で質問する

手順1の画面で をタップし、マイクへのアクセスを許可すると、音声でプロンプトを入力できるようになります。以下の画面でプロンプトを音声で伝え、 をタップすると、音声入力が完了します。 をタップして送信すると、回答が生成されます。

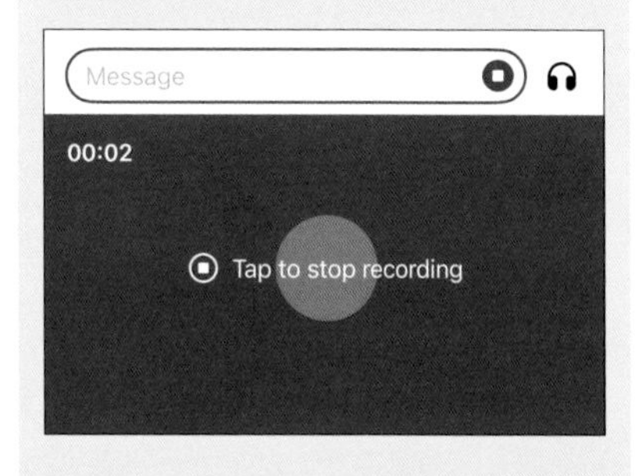

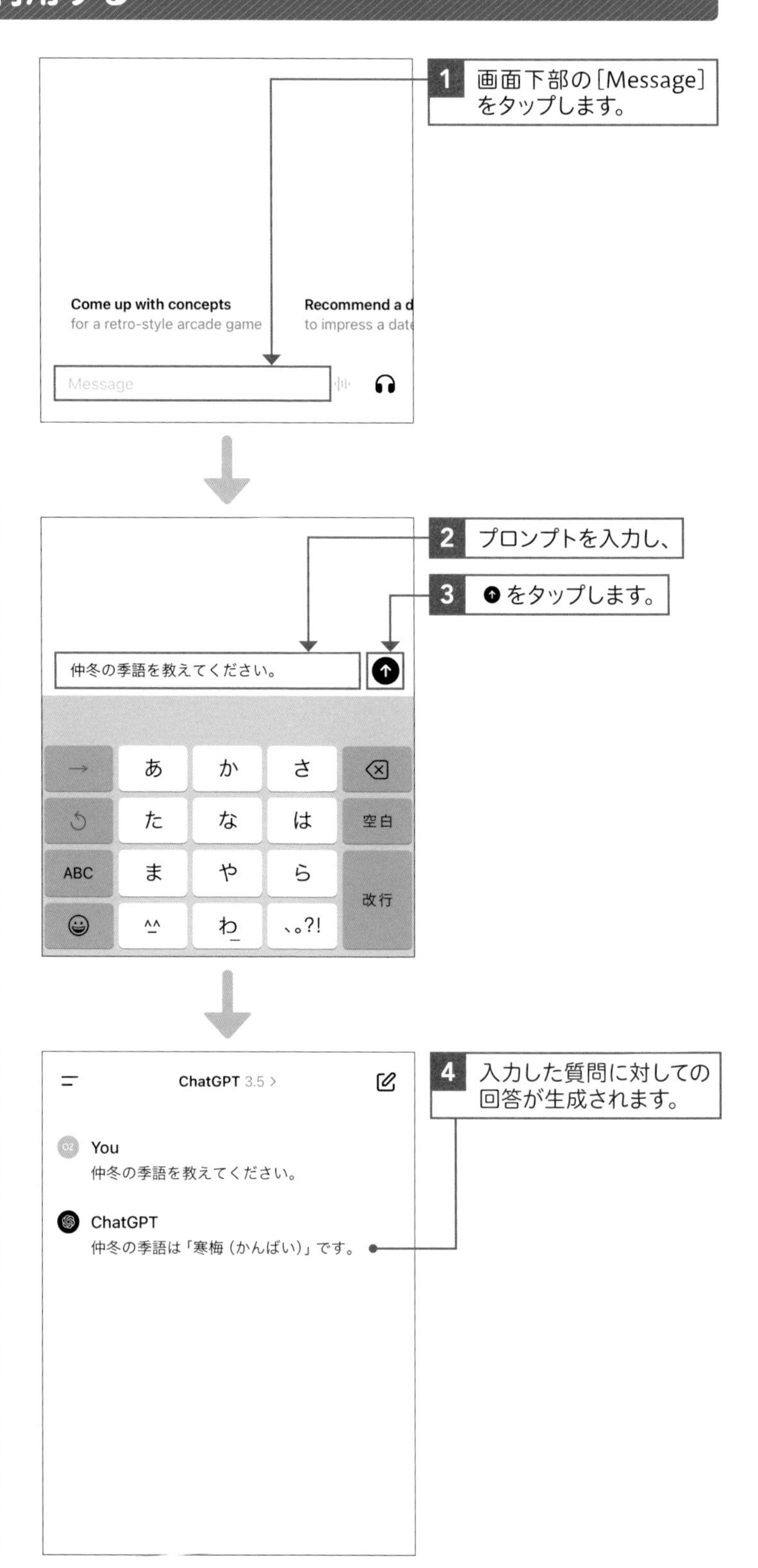

解説

新規チャットルームを作成する

画面右上の をタップすると、新規のチャットルームが作成されます。

③ アプリでチャットの履歴を整理する

有料プランのChatGPTにアップグレードする

スマートフォンから有料プランのChatGPTにアップデートする場合は、画面上部の[Get Plus]→[Upgrade to Plus]の順にタップするか、手順2の画面でアカウント名→[Upgrade to ChatGPT Plus]の順にタップして、画面の指示に従って操作を進めます。

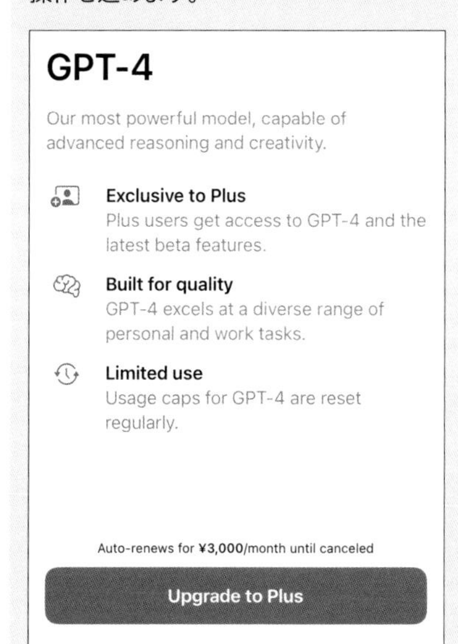

GPT-4
Our most powerful model, capable of advanced reasoning and creativity.
Exclusive to Plus
Plus users get access to GPT-4 and the latest beta features.
Built for quality
GPT-4 excels at a diverse range of personal and work tasks.
Limited use
Usage caps for GPT-4 are reset regularly.
Auto-renews for ¥3,000/month until canceled
Upgrade to Plus

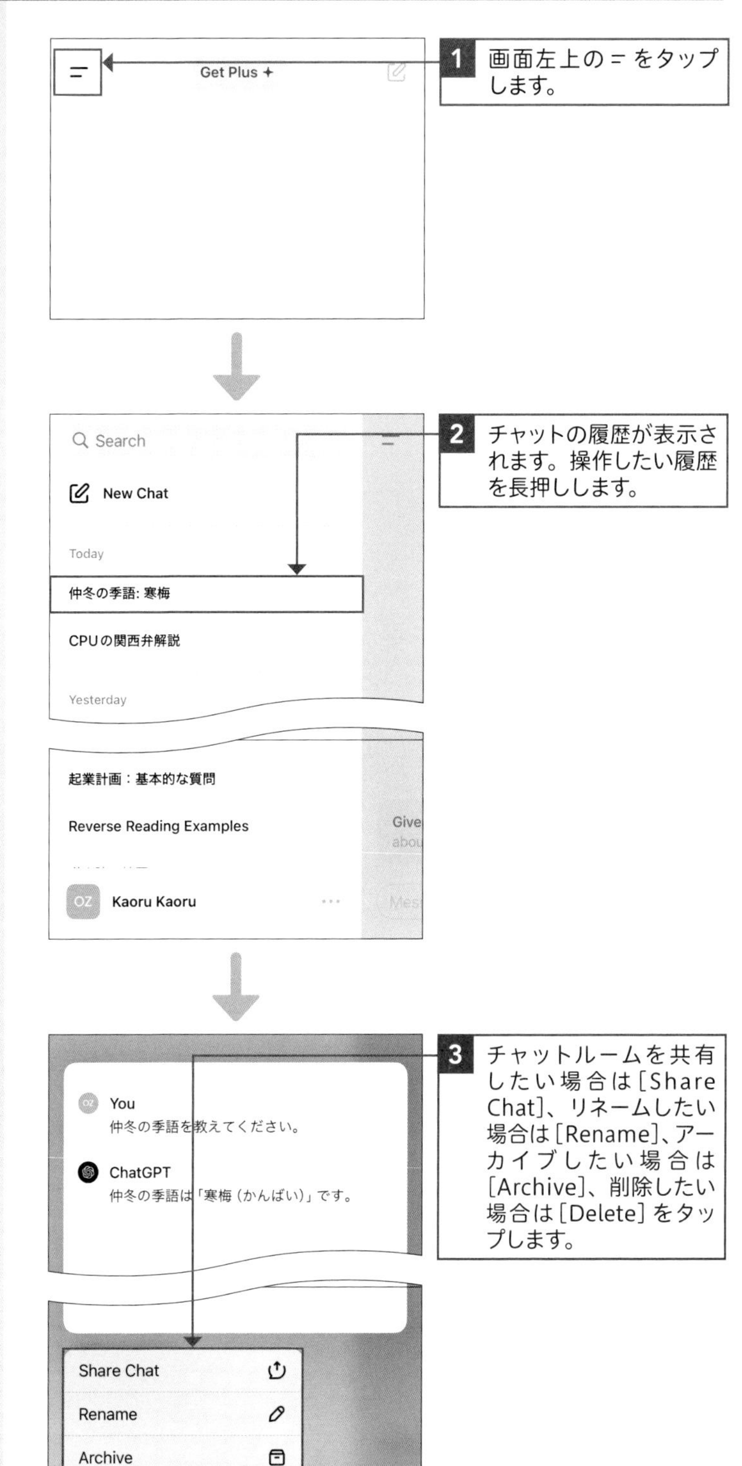

1 画面左上の = をタップします。

2 チャットの履歴が表示されます。操作したい履歴を長押しします。

3 チャットルームを共有したい場合は[Share Chat]、リネームしたい場合は[Rename]、アーカイブしたい場合は[Archive]、削除したい場合は[Delete]をタップします。

前のチャットルームのやり取りを再開する

やり取りを再開したいチャットルームがある場合は、手順2の画面で目的のチャットルームをタップします。プロンプトを入力・送信すると、やり取りが再開され、前のやり取りの流れに沿った回答が生成されます。

索引

数字、アルファベット

あ行

か行

さ行

た行

な行

は行

ま行

や行

ら行

お問い合わせについて

本書に関するご質問については、本書に記載されている内容に関するもののみとさせていただきます。本書の内容と関係のないご質問につきましては、一切お答えできませんので、あらかじめご了承ください。また、電話でのご質問は受け付けておりませんので、必ずFAXか書面にて下記までお送りください。
なお、ご質問の際には、必ず以下の項目を明記していただきますようお願いいたします。

1 お名前
2 返信先の住所またはFAX番号
3 書名（今すぐ使えるかんたん　いちばんやさしい　ChatGPT 超入門）
4 本書の該当ページ
5 ご使用のOSとソフトウェアのバージョン
6 ご質問内容

なお、お送りいただいたご質問には、できる限り迅速にお答えできるよう努力いたしておりますが、場合によってはお答えするまでに時間がかかることがあります。また、回答の期日をご指定なさっても、ご希望にお応えできるとは限りません。あらかじめご了承くださいますよう、お願いいたします。

問い合わせ先

〒162-0846
東京都新宿区市谷左内町21-13
株式会社技術評論社　書籍編集部
「今すぐ使えるかんたん　いちばんやさしい
ChatGPT 超入門」質問係
FAX番号　03-3513-6167

https://book.gihyo.jp/116

■お問い合わせの例

FAX

1 お名前
技術　太郎
2 返信先の住所またはFAX番号
03-XXXX-XXXX
3 書名
今すぐ使えるかんたん
いちばんやさしい
ChatGPT 超入門
4 本書の該当ページ
140ページ
5 ご使用のOSとソフトウェアのバージョン
Windows 11
6 ご質問内容
手順1の操作ができない

※ご質問の際に記載いただきました個人情報は、回答後速やかに破棄させていただきます。

今すぐ使えるかんたん　いちばんやさしい　ChatGPT 超入門

2024年3月26日　初版　第1刷発行
2024年6月13日　初版　第2刷発行

著　者●リンクアップ
発行者●片岡巌
発行所●株式会社 技術評論社
東京都新宿区市谷左内町21-13
電話　03-3513-6150　販売促進部
03-3513-6160　書籍編集部
装丁●田邉恵里香
本文デザイン●ライラック
編集／DTP●リンクアップ
カバーイラスト●北川ともあき
本文イラスト●Hanb
担当●荻原祐二
製本／印刷●大日本印刷株式会社

定価はカバーに表示してあります。

ISBN978-4-297-14041-0 C3055
Printed in Japan